# 页岩气
# 地质分析与
# 选区评价

"十三五"国家重点图书

中国能源新战略—— 页岩气出版工程

国家出版基金项目
NATIONAL PUBLICATION FOUNDATION

编著：李玉喜　张大伟

U0381339

华东理工大学出版社
EAST CHINA UNIVERSITY OF SCIENCE AND TECHNOLOGY PRESS
·上海·

**上海高校服务国家重大战略出版工程资助项目**

**图书在版编目(CIP)数据**

页岩气地质分析与选区评价/李玉喜,张大伟编著.
—上海：华东理工大学出版社,2016.12
（中国能源新战略：页岩气出版工程）
ISBN 978－7－5628－4867－7

Ⅰ.①页… Ⅱ.①李… ②张… Ⅲ.①油页岩—石油
天然气地质—研究—中国 Ⅳ.①P618.130.2

中国版本图书馆 CIP 数据核字(2016)第 276372 号

**内容提要**

全书共分七章,第 1 章、第 2 章对页岩油气概念的演变、页岩油气的特点、国外页岩气勘探开发进展以及页岩油气的地质特征进行了综述；第 3 章具体阐述了页岩油气资源调查评价与选区工作流程,包括具体技术手段、资源量估算方法、地质评价重点内容等；第 4 章、第 5 章系统地阐述了我国页岩气发育特征,包括海相页岩、海陆过渡相页岩以及湖相含油气页岩；第 6 章为我国各类型页岩油气主要潜力区分布以及有利区优选；第 7 章总结了我国页岩气地质分析与选区技术发展趋势。

本书可作为油气储运专业高年级本科生和研究生的学习参考书,也可供从事页岩气地质分析与调查评价、生产和管理的人员参考使用。

........................................................................................

项目统筹 / 周永斌　马夫娇
责任编辑 / 陈新征
书籍设计 / 刘晓翔工作室
出版发行 / 华东理工大学出版社有限公司
　　　　　　地　　址：上海市梅陇路 130 号,200237
　　　　　　电　　话：021－64250306
　　　　　　网　　址：www.ecustpress.cn
　　　　　　邮　　箱：zongbianban@ecustpress.cn
印　　刷 / 上海雅昌艺术印刷有限公司
开　　本 / 710 mm×1000 mm　1/16
印　　张 / 14.5
字　　数 / 231 千字
版　　次 / 2016 年 12 月第 1 版
印　　次 / 2016 年 12 月第 1 次
定　　价 / 78.00 元

........................................................................................

版权所有　侵权必究

《中国能源新战略——页岩气出版工程》
编辑委员会

顾问　　　赵鹏大　中国科学院院士
　　　　　戴金星　中国科学院院士
　　　　　康玉柱　中国工程院院士
　　　　　胡文瑞　中国工程院院士
　　　　　金之钧　中国科学院院士

主编　　　张金川

副主编　　张大伟　董　宁　董本京

委员（按姓氏笔画排序）
　　　　　丁文龙　于立宏　于炳松　包书景　刘　猛　牟伯中
　　　　　李玉喜　李博抒　杨甘生　杨瑞召　余　刚　张大伟
　　　　　张宇生　张金川　陈晓勤　林　珏　赵靖舟　姜文利
　　　　　唐　玄　董　宁　董本京　蒋　恕　蒋廷学　鲁东升
　　　　　魏　斌

# 总序

## 一

　　能源矿产是人类赖以生存和发展的重要物质基础,攸关国计民生和国家安全。推动能源地质勘探和开发利用方式变革,调整优化能源结构,构建安全、稳定、经济、清洁的现代能源产业体系,对于保障我国经济社会可持续发展具有重要的战略意义。中共十八届五中全会提出,"十三五"发展将围绕"创新、协调、绿色、开放、共享的发展理念"展开,要"推动低碳循环发展,建设清洁低碳、安全高效的现代能源体系",这为我国能源产业发展指明了方向。

　　在当前能源生产和消费结构亟须调整的形势下,中国未来的能源需求缺口日益凸显。清洁、高效的能源将是石油产业发展的重点,而页岩气就是中国能源新战略的重要组成部分。页岩气属于非传统(非常规)地质矿产资源,具有明显的致矿地质异常特殊性,也是我国第172种矿产。页岩气成分以甲烷为主,是一种清洁、高效的能源资源和化工原料,主要用于居民燃气、城市供热、发电、汽车燃料等,用途非常广泛。页岩气的规模开采将进一步优化我国能源结构,同时也有望缓解我国油气资源对外依存度较高的被动局面。

　　页岩气作为国家能源安全的重要组成部分,是一项有望改变我国能源结构、改变我国南方省份缺油少气格局、"绿化"我国环境的重大领域。目前,页岩气的开发利用在世界范围内已经产生了重要影响,在此形势下,由华东理工大学出版社策划的这套页岩气丛书对国内页岩气的发展具有非常重要的意义。该丛书从页岩气地质、地球物理、开发工程、装备与经济技术评价以及政策环境等方面系统阐述了页岩气全产业链理论、方法与技术，并完善了页岩气地质、物探、开发等相关理论，集成了页岩气勘探开发与工程领域相关的先进技术，摸索了中国页岩气勘探开发相关的经济、环境与政策。丛书的出版有助于开拓页岩气产业新领域、探索新技术、寻求新的发展模式，以期对页岩气关键技术的广泛推广、科学技术创新能力的大力提升、学科建设条件的逐渐改进，以及生产实践效果的显著提高等，能产生积极的推动作用，为国家的能源政策制定提供积极的参考和决策依据。

我想，参与本套丛书策划与编写工作的专家、学者们都希望站在国家高度和学术前沿产出时代精品，为页岩气顺利开发与利用营造积极健康的舆论氛围。中国地质大学（北京）是我国最早涉足页岩气领域的学术机构，其中张金川教授是第376次香山科学会议（中国页岩气资源基础及勘探开发基础问题）、页岩气国际学术研讨会等会议的执行主席，他是中国最早开始引进并系统研究我国页岩气的学者，曾任贵州省页岩气勘查与评价和全国页岩气资源评价与有利选区项目技术首席，由他担任丛书主编我认为非常称职，希望该丛书能够成为页岩气出版领域中的标杆。

让我感到欣慰和感激的是，这套丛书的出版得到了国家出版基金的大力支持，我要向参与丛书编写工作的所有同仁和华东理工大学出版社表示感谢，正是有了你们在各自专业领域中的倾情奉献和互相配合，才使得这套高水准的学术专著能够顺利出版问世。

中国科学院院士

2016 年 5 月于北京

# 总 序

## 二

　　进入 21 世纪,世情、国情继续发生深刻变化,世界政治经济形势更加复杂严峻,能源发展呈现新的阶段性特征,我国既面临由能源大国向能源强国转变的难得历史机遇,又面临诸多问题和挑战。从国际上看,二氧化碳排放与全球气候变化、国际金融危机与石油天然气价格波动、地缘政治与局部战争等因素对国际能源形势产生了重要影响,世界能源市场更加复杂多变,不稳定性和不确定性进一步增加。从国内看,虽然国民经济仍在持续中高速发展,但是城乡雾霾污染日趋严重,能源供给和消费结构严重不合理,可持续的长期发展战略与现实经济短期的利益冲突相互交织,能源规划与环境保护互相制约,绿色清洁能源亟待开发,页岩气资源开发和利用有待进一步推进。我国页岩气资源与环境的和谐发展面临重大机遇和挑战。

　　随着社会对清洁能源需求不断扩大,天然气价格不断上涨,人们对页岩气勘探开发技术的认识也在不断加深,从而在国内出现了一股页岩气热潮。为了加快页岩气的开发利用,国家发改委和国家能源局从 2009 年 9 月开始,研究制定了鼓励页岩气勘探与开发利用的相关政策。随着科研攻关力度和核心技术突破能力的不断提高,先后发现了以威远-长宁为代表的下古生界海相和以延长为代表的中生界陆相等页岩气田,特别是开发了特大型焦石坝海相页岩气,将我国页岩气工业推送到了一个特殊的历史新阶段。页岩气产业的发展既需要系统的理论认识和配套的方法技术，也需要合理的政策、有效的措施及配套的管理，我国的页岩气技术发展方兴未艾，页岩气资源有待进一步开发。

我很荣幸能在丛书策划之初就加入编委会大家庭，有机会和页岩气领域年轻的学者们共同探讨我国页岩气发展之路。我想，正是有了你们对页岩气理论研究与实践的攻关才有了这套书扎实的科学基础。放眼未来，中国的页岩气发展还有很多政策、科研和开发利用上的困难，但只要大家齐心协力，最终我们必将取得页岩气发展的良好成果，使科技发展的果实惠及千家万户。

这套丛书内容丰富，涉及领域广泛，从产业链角度对页岩气开发与利用的相关理论、技术、政策与环境等方面进行了系统全面、逻辑清晰地阐述，对当今页岩气专业理论、先进技术及管理模式等体系的最新进展进行了全产业链的知识集成。通过对这些内容的全面介绍，可以清晰地透视页岩气技术面貌，把握页岩气的来龙去脉，并展望未来的发展趋势。总之，这套丛书的出版将为我国能源战略提供新的、专业的决策依据与参考，以期推动页岩气产业发展，为我国能源生产与消费改革做出能源人的贡献。

中国页岩气勘探开发地质、地面及工程条件异常复杂，但我想说，打造世纪精品力作是我们的目标，然而在此过程中必定有着多样的困难，但只要我们以专业的科学精神去对待、解决这些问题，最终的美好成果是能够创造出来的，祖国的蓝天白云有我们曾经的努力！

中国工程院院士

2016年5月

# 总 序

## 三

页岩气属于新型的绿色能源资源，是一种典型的非常规天然气。近年来，页岩气的勘探开发异军突起，已成为全球油气工业中的新亮点，并逐步向全方位的变革演进。我国已将页岩气列为新型能源发展重点，纳入了国家能源发展规划。

页岩气开发的成功与技术成熟，极大地推动了油气工业的技术革命。与其他类型天然气相比，页岩气具有资源分布连片、技术集约程度高、生产周期长等开发特点。页岩气的经济性开发是一个全新的领域，它要求对页岩气地质概念的准确把握、开发工艺技术的恰当应用、开发效果的合理预测与评价。

美国现今比较成熟的页岩气开发技术，是在20世纪80年代初直井泡沫压裂技术的基础上逐步完善而发展起来的，先后经历了从直井到水平井、从泡沫和交联冻胶到清水压裂液、从简单压裂到重复压裂和同步压裂工艺的演进，页岩气的成功开发拉动了美国页岩气产业的快速发展。这其中，完善的基础设施、专业的技术服务、有效的监管体系为页岩气开发提供了重要的支持和保障作用，批量化生产的低成本开发技术是页岩气开发成功的关键。

我国页岩气的资源背景、工程条件、矿权模式、运行机制及市场环境等明显有别于美国，页岩气开发与发展任重道远。我国页岩气资源丰富、类型多样，但开发地质条件复杂，开发理论与技术相对滞后，加之开发区水资源有限、管网稀疏、人口稠密等不利因素，导致中国的页岩气发展不能完全照搬照抄美国的经验、技术、政策及法规，必须探索出一条适合于我国自身特色的页岩气开发技术与发展道路。

华东理工大学出版社策划出版的这套页岩气产业化系列丛书，首次从页岩气地质、地球物理、开发工程、装备与经济技术评价以及政策环境等方面对页岩气相关的理论、方法、技术及原则进行了系统阐述，集成了页岩气勘探开发理论与工程利用相关领域先进的技术系列，完成了页岩气全产业链的系统化理论构建，摸索出了与中国页岩气工业开发利用相关的经济模式以及环境与政策，探讨了中国自己的页岩气发展道路，为中国的页岩气发展指明了方向，是中国页岩气工作者不可多得的工作指南，是相关企业管理层制定页岩气投资决策的依据，也是政府部门制定相关法律法规的重要参考。

我非常荣幸能够成为这套丛书的编委会顾问成员，很高兴为丛书作序。我对华东理工大学出版社的独特创意、精美策划及辛苦工作感到由衷的赞赏和钦佩，对以张金川教授为代表的丛书主编和作者们良好的组织、辛苦的耕耘、无私的奉献表示非常赞赏，对全体工作者的辛勤劳动充满由衷的敬意。

这套丛书的问世，将会对我国的页岩气产业产生重要影响，我愿意向广大读者推荐这套丛书。

中国工程院院士

胡文瑞

2016年5月

# 总　序

## 四

绿色低碳是中国能源发展的新战略之一。作为一种重要的清洁能源，天然气在中国一次能源消费中的比重到2020年时将提高到10%以上，页岩气的高效开发是实现这一战略目标的一种重要途径。

页岩气革命发生在美国，并在世界范围内引起了能源大变局和新一轮油价下降。在经过了漫长的偶遇发现（1821—1975年）和艰难探索（1976—2005年）之后，美国的页岩气于2006年进入快速发展期。2005年，美国的页岩气产量还只有1134亿立方米，仅占美国当年天然气总产量的4.8%；而到了2015年，页岩气在美国天然气年总产量中已接近半壁江山，产量增至4291亿立方米，年占比达到了46.1%。即使在目前气价持续走低的大背景下，美国页岩气产量仍基本保持稳定。美国页岩气产业的大发展，使美国逐步实现了天然气自给自足，并有向天然气出口国转变的趋势。2015年美国天然气净进口量在总消费量中的占比已降至9.25%，促进了美国经济的复苏、GDP的增长和政府收入的增加，提振了美国传统制造业并吸引其回归美国本土。更重要的是，美国页岩气引发了一场世界能源供给革命，促进了世界其他国家页岩气产业的发展。

中国含气页岩层系多，资源分布广。其中，陆相页岩发育于中、新生界，在中国六大含油气盆地均有分布；海陆过渡相页岩发育于上古生界和中生界，在中国华北、南方和西北广泛分布；海相页岩以下古生界为主，主要分布于扬子和塔里木盆地。中国页岩气勘探开发起步虽晚，但发展速度很快，已成为继美国和加拿大之后世界上第三个实现页岩气商业化开发的国家。这一切都要归功于政府的大力支持、学界的积极参与及业界的坚定信念与投入。经过全面细致的选区优化评价（2005—2009年）和钻探评价（2010—2012年），中国很快实现了涪陵（中国石化）和威远－长宁（中国石油）页岩气突破。2012年，中国石化成功地在涪陵地区发现了中国第一个大型海相气田。此后，涪陵页岩气勘探和产能建设快速推进，目前已提交探明地质储量3805.98亿立方米，页岩气日产量（截至2016年6月）也达到了1387万立方米。故大力发展页岩气，不仅有助于实现清洁低碳的能源发展战略，还有助于促进中国的经济发展。

然而，中国页岩气开发也面临着地下地质条件复杂、地表自然条件恶劣、管网等基础设施不完善、开发成本较高等诸多挑战。页岩气开发是一项系统工程，既要有丰富的地质理论为页岩气勘探提供指导，又要有先进配套的工程技术为页岩气开发提供支撑，还要有完善的监管政策为页岩气产业的健康发展提供保障。为了更好地发展中国的页岩气产业，亟须从页岩气地质理论、地球物理勘探技术、工程技术和装备、政策法规及环境保护等诸多方面开展系统的研究和总结，该套页岩气丛书的出版将填补这项空白。

该丛书涉及整个页岩气产业链，介绍了中国页岩气产业的发展现状，分析了未来的发展潜力，集成了勘探开发相关技术，总结了管理模式的创新。相信该套丛书的出版将会为我国页岩气产业链的快速成熟和健康发展带来积极的推动作用。

中国科学院院士

2016年5月

# 丛书前言

　　社会经济的不断增长提高了对能源需求的依赖程度，城市人口的增加提高了对清洁能源的需求，全球资源产业链重心后移导致了能源类型需求的转移，不合理的能源资源结构对环境和气候产生了严重的影响。页岩气是一种特殊的非常规天然气资源，她延伸了传统的油气地质与成藏理论，新的理念与逻辑改变了我们对油气赋存地质条件和富集规律的认识。页岩气的到来冲击了传统的油气地质理论、开发工艺技术以及环境与政策相关法规，将我国传统的"东中西"油气分布格局转置于"南中北"背景之下，提供了我国油气能源供给与消费结构改变的理论与物质基础。美国的页岩气革命、加拿大的页岩气开发、我国的页岩气突破，促进了全球能源结构的调整和改变，影响着世界能源生产与消费格局的深刻变化。

　　第一次看到页岩气（Shale gas）这个词还是在我的博士生时代，是我在图书馆研究深盆气（Deep basin gas）外文文献时的"意外"收获。但从那时起，我就注意上了页岩气，并逐渐为之痴迷。亲身经历了页岩气在中国的启动，充分体会到了页岩气产业发展的迅速，从开始只有为数不多的几个人进行页岩气研究，到现在我们已经有非常多优秀年轻人的拼搏努力，他们分布在页岩气产业链的各个角落并默默地做着他们认为有可能改变中国能源结构的事。

　　广袤的长江以南地区曾是我国老一辈地质工作者花费了数十年时间进行油

气勘探而"久攻不破"的难点地区,短短几年的页岩气勘探和实践已经使该地区呈现出了"星星之火可以燎原"之势。在油气探矿权空白区,渝页1、岑页1、西科1、常页1、水页1、柳页1、秭地1、安页1、港地1等一批不同地区、不同层系的探井获得了良好的页岩气发现,特别是在探矿权区域内大型优质页岩气田(彭水、长宁-威远、焦石坝等)的成功开发,极大地提振了油气勘探与发现的勇气和决心。在长江以北,目前也已经在长期存在争议的地区有越来越多的探井揭示了新的含气层系,柳坪177、牟页1、鄂页1、尉参1、正西页1等探井不断有新的发现和突破,形成了以延长、中牟、温县等为代表的陆相页岩气示范区和海陆过渡相页岩气试验区,打破了油气勘探发现和认识格局。中国近几年的页岩气勘探成就,使我们能够在几十年都不曾有油气发现的区域内再放希望之光,在许多勘探失利或原来不曾预期的地方点燃了燎原之火,在更广阔的地区重新拾起了油气发现的信心,在许多新的领域内带来了原来不曾预期的希望,在许多层系获得了原来不曾想象的意外惊喜,极大地拓展了油气勘探与发现的空间和视野。更重要的是,页岩气理论与技术的发展促进了油气物探技术的进一步完善和成熟,改进了油气开发生产工艺技术,启动了能源经济技术新的环境与政策思考,整体推高了油气工业的技术能力和水平,催生了页岩气产业链的快速发展。

该套页岩气丛书响应了国家《能源发展"十二五"规划》中关于大力开发非常规能源与调整能源消费结构的愿景,及时高效地回应了《大气污染防治行动计划》中对于清洁能源供应的急切需求以及《页岩气发展规划(2011—2015年)》的精神内涵与宏观战略要求,根据《国家应对气候变化规划(2014—2020)》和《能源发展战略行动计划(2014—2020)》的建议意见,充分考虑我国当前油气短缺的能源现状,以面向"十三五"能源健康发展为目标,对页岩气地质、物探、工程、政策等方面进行了系统讨论,试图突出新领域、新理论、新技术、新方法,为解决页岩气领域中所面临的新问题提供参考依据,对页岩气产业链相关理论与技术提供系统参考和基础。

承担国家出版基金项目《中国能源新战略——页岩气出版工程》(入选《"十三五"国家重点图书、音像、电子出版物出版规划》)的组织编写重任,心中不免惶恐,因为这是我第一次做分量如此之重的学术出版。当然,也是我第一次有机会系统地来梳理这些年我们团队所走过的页岩气之路。丛书的出版离不开广大作者的辛勤付出，他们以实际行动表达了对本职工作的热爱、对页岩气产业的追求以及对国家能源行业发展的希冀。特别是，丛书顾问在立意、构架、设计及编撰、出版等环节中也给予了精心指导和大力支持。正是有了众多同行专家的无私帮助和热情鼓励，我们的作者团队才义无反顾地接受了这一充满挑战的历史性艰巨任务。

该套丛书的作者们长期耕耘在教学、科研和生产第一线，他们未雨绸缪、身体力行、不断探索前进，将美国页岩气概念和技术成功引进中国；他们大胆创新实践，对全国范围内页岩气展开了有利区优选、潜力评价、趋势展望；他们尝试先行先试，将页岩气地质理论、开发技术、评价方法、实践原则等形成了完整体系；他们奋力摸索前行，以全国页岩气蓝图勾画、页岩气政策改革探讨、页岩气技术规划促产为己任，全面促进了页岩气产业链的健康发展。

我们的出版人非常关注国家的重大科技战略，他们希望能借用其宣传职能，为读者提供一套页岩气知识大餐，为国家的重大决策奉上可供参考的意见。该套丛书的组织工作任务极其烦琐，出版工作任务也非常繁重，但有华东理工大学出版社领导及其编辑、出版团队前瞻性地策划、周密求是地论证、精心细致地安排、无怨地辛苦奉献，积极有力地推动了全书的进展。

感谢我们的团队，一支非常有责任心并且专业的丛书编写与出版团队。

该套丛书共分为页岩气地质理论与勘探评价、页岩气地球物理勘探方法与技术、页岩气开发工程与技术、页岩气技术经济与环境政策等4卷，每卷又包括了按专业顺序而分的若干册，合计20本。丛书对页岩气产业链相关理论、方法及技术等进行了全面系统地梳理、阐述与讨论。同时，还配备出版了中英文版的页岩气原理与技术视频（电子出版物），丰富了页岩气展示内容。通过这套丛书，我们希望能为页岩气科研与生产人员提供一套完整的专业技术知识体系以促进页岩气理论与实践的进一步发展，为页岩气勘探开发理论研究、生产实践以及教学培训等提供参考资料，为进一步突破页岩气勘探开发及利用中的关键技术瓶颈提供支撑，为国家能源政策提供决策参考，为我国页岩气的大规模高质量开发利用提供助推燃料。

国际页岩气市场格局正在成型，我国页岩气产业正在快速发展，页岩气领域中的科技难题和壁垒正在被逐个攻破,页岩气产业发展方兴未艾,正需要以全新的理论为依据、以先进的技术为支撑、以高素质人才为依托,推动我国页岩气产业健康发展。该套丛书的出版将对我国能源结构的调整、生态环境的改善、美丽中国梦的实现产生积极的推动作用,对人才强国、科技兴国和创新驱动战略的实施具有重大的战略意义。

不断探索创新是我们的职责,不断完善提高是我们的追求,"路漫漫其修远兮,吾将上下而求索",我们将努力打造出页岩气产业领域内最系统、最全面的精品学术著作系列。

丛书主编

2015 年 12 月于中国地质大学(北京)

# 前言

　　页岩油气为油气源岩内自生自储的非常规石油和天然气,成分主要为甲烷,部分页岩气的乙烷、丙烷、丁烷等含量也较高,在有机质类型及演化程度适当时,页岩气与页岩油共同产出。因此,也常常将页岩气、页岩油合称为页岩油气。页岩油气形成并富集于油气源岩层系内,与常规油气具有共同的来源,均为油气源岩中的有机质经过热演化形成。其中经过运移离开油气源岩层系,并在圈闭内聚集成藏形成常规油气;在油气源岩上下致密储层中聚集形成致密油气;滞留在油气源岩内,并达到一定丰度、一定规模的,为页岩油气。

　　近年来,美国页岩油气勘探开发技术取得全面突破,产量快速增长,已经改变了美国油气供应格局,美国国内油气供应大幅度增加,已经达到美国天然气产量的一半,这减少了美国油气的对外依存度,降低了能源价格,减少了制造业的综合成本,对国内能源、交通运输、制造业产生了深远影响,为美国采取更为主动的对外政策提供了强有力支撑。同时,美国页岩油的大发展,在全球石油供应基本平衡的基础上,增加了近2亿吨的额外供给,对国际石油市场供应和世界能源格局产生了巨大影响。

　　为了探索我国页岩气资源潜力及推动我国页岩气勘探开发,李玉喜博士于2004—2008年与张金川博士合作,开始系统地跟踪美国页岩气发展动态,研究我国海相、海陆过渡相、陆相富有机质页岩发育特征,分析页岩气聚集地质条件,对比中美页岩气发育地质条件,并在上扬子地区优选出了页岩气富集远景区。在以上研究基础上,国土资源部启动了"中国重点地区页岩气资源潜力及有利区优选"和"全国页岩气资源潜力调查评价及有利区优选"项目。对我国页岩气和油页岩资源潜力进行系统评价,并优选页岩气、页岩油发育有利区。

经全面调查评价认为,我国富油气烃源岩层系多,分布广,形成条件多样,页岩油气资源潜力总体很大。每个层系的突破都需要大量的调查和勘探工作,获取系统的参数,指导勘探开发。

本书是在10年工作基础上,从页岩油气基本地质认识和资源调查评价与选区角度进行总结。由于开展全国页岩气资源潜力调查评价及有利区优选,在中国尚属首次,本身是一项探索性的工作,是一个地质认识和实践不断深化的过程,随着认识的深入和技术的进步,以及工作程度的提高,资源潜力数据和有利区优选结果还会有新的变化,我们在2012年3月发布的页岩气资源评价结果与2014年总项目给出的新的评价结果就发生了较大变化。随着资料不断丰富、认识不断提高、勘探的不断深入,页岩油气资源潜力的认识、资源分布的认识会不断修正。

本书前言由张大伟、李玉喜编写;第1章、第2章由李玉喜编写;第3章由李玉喜、张金川、唐玄编写;第4章由李玉喜、姜文利编写;第5章由李玉喜、张金川、姜文利、张建锋编写;第6章由李玉喜、姜文利、张建锋编写;第7章由李玉喜、张大伟编写。全书由李玉喜、张大伟统稿。

本书基础资料来自作者2004—2014年间所完成的页岩气及相关项目研究成果以及在项目实施过程中积累的国内外页岩气资料。这些项目在不同阶段动员了全国近30家研究单位,参与研究的人员超过450人。

在此对近10年来参与、支持和关心我们页岩气资源调查评价与选区工作的专家学者、科技人员、在校学生表示感谢;对支持和关心这项工作的管理部门表示感谢。

在编写中,仍存在许多问题有待解决。由于编者水平有限,虽尽全力,书中难免存在不足之处,恳请读者批评指正。

李玉喜

2016年6月

目

录

页岩气
地质分析与
选区评价

第 1 章

页岩油气
概念的形成
与发展

页岩油气已经成为当下能源领域最为热门的研究与勘探开发领域,美国页岩油气的高速发展及其引起的美国能源、制造业、运输业的系列变革,已经被定义为一场"页岩油气革命"。因此,了解页岩油气概念的形成与演变,有助于进一步理解页岩油气勘探开发的能源意义及相关产业价值。

## 1.1    页岩油气概念演变

页岩气很早就被发现,但现代页岩气概念的形成是在 20 世纪 70 年代以后。

### 1.1.1    早期阶段

1975 年以前是美国页岩气早期勘探开发阶段。1821 年由 William Hart 在纽约州 Canadaway Creek 附近完成了第一口泥盆系页岩气商业性钻井(de Witt, et al, 1997),拉开了美国天然气工业发展的序幕(Curtis, 2002)。一直到 1975 年,在这段时间,美国的页岩气完成了从发现到工业化大规模生产的发展过程,在东肯塔基和西弗吉尼亚气田(泥盆系页岩)形成了当时世界上最大的天然气田。

我国涉及页岩气领域的研究可以追溯到 20 世纪 60 年代。当时陆续开始在不同盆地的烃源岩中发现了工业性泥页岩裂缝油气藏。张爱云等(1987)对海相暗色页岩建造的地球化学特点进行了研究,指出中国南方早古生代发育着一套分布广泛的黑色页岩建造,具有一定的地质找矿意义。由于其中的有机碳含量一般达到了 5%～20%,因此具有极高的泥页岩气成藏意义(关德师等,1995;戴金星等,1996),并在对泥页岩气论述基础上,分析了中国的泥页岩气勘探前景。王德新等(1996)指出,在泥页岩中寻找油气资源是今后油气勘探开发的重要领域。在国内,虽然许多研究者均已注意到现代概念页岩气的勘探潜力和开发价值,但目前仍主要侧重于"泥页岩裂缝油气藏"研究。虽然不同研究者将主体注意力集中在了"聚集于裂缝中的游离相"天然气,但所有这些研究成果都奠定了我国开展现代意义页岩气研究的重要基础。

这时期对页岩气的研究程度较低,本质上是对泥页岩储层及其开发前景的研究,还没有认识到页岩气的吸附成藏机理和有机质孔隙及其形成发育机理,对页岩储层的研究也主要集中在裂缝和矿物孔隙特征上,还没有系统研究有机质对储集能力的影响等关键问题。

## 1.1.2　现代页岩气概念形成与发展

1975 年以来,美国进入现代页岩气勘探研究及开发生产阶段。20 世纪 70 年代以来,美国政府相关机构投入资金用于页岩气的勘探研究,随着研究程度的深入,发现了页岩气吸附存在的证据,同时也发现了有机质孔隙等新的储集空间,由此改变了页岩气的含义,在定义中特别强调了吸附作用、有机质孔隙等新的储集空间的贡献。美国的页岩气年产量在 1979—1999 年间净增长了 7 倍(Curtis, 2002),页岩气勘探生产区也由传统的东部地区盆地转移到中西部地区盆地。到 2012 年,美国页岩气产量达到 $2\,653 \times 10^8$ m$^3$,页岩油产量达到 $5\,000 \times 10^4$ t。页岩油气的成功勘探开发不但改变了美国的油气供应格局,还对全球油气供应格局产生了重大影响。页岩气已经超过煤层气、致密砂岩气,成为第一大非常规气类型。

此外,加拿大也从 2000 年开始加强了重点针对 11 个盆地(地区)的页岩气研究。加拿大天然气研究所预测埃尔伯达盆地页岩气地质资源量为 $2.44 \times 10^{12}$ m$^3$(Faraj, et al, 2002),James(2003)进一步指出,加拿大天然气资源总量为 $5.38 \times 10^{12} \sim 50.97 \times 10^{12}$ m$^3$,其中包含了相当数量的页岩气。

对页岩气和含气页岩的界定也在页岩气的开发和研究中不断发展形成。

1. 页岩气(shale gas)的界定

John B. Curtis 2002 年对页岩气作了如下描述:页岩气系统本质上是连续类型的生物成因(或生物成因为主)、热成因或生物-热成因混合型天然气聚集,它具有普遍的天然气饱和度,并且聚集机理复杂,岩石学特征多变性显著,成藏过程中具有相对较短的烃类运移距离。页岩气可以在天然裂缝和粒间孔隙中以游离状态储集,也可以在干酪根和黏土表面吸附储集,甚至可以溶解于干酪根和沥青质中。

A. Bustin 对页岩气的定义是:自生自储于细粒储层中的天然气,其中部分天然气以吸附状态储集。吸附气主要储集于有机质碎片中,所以有机质是必需的。但页岩气(储层)不只是"页岩"(A. Bustin 等,2005,2009)。

2. 含气页岩(gas shale)的界定

页岩气的界定离不开含气页岩的界定。John B. Curtis 对页岩气的定义中,也涉及含气页岩的描述,即"岩石学特征多变性显著"。A. Bustin 认为,可开发的含气页岩具有较大的变化范围,从富含有机质、细粒岩石(如 Antrim 页岩或 Ohio 页岩)到多种岩相的组合(如大绿河盆地的 Lewis 页岩)。

犹他大学油气研究中心 Milind Deo 教授认为,"页岩气"一词是指非常规、连续性、自源型油气资源,热成因或生物成因天然气以游离气形式储存于富有机质细粒(从黏土到非常细粒的砂岩)、低渗透储层孔隙及裂隙中,或者以吸附/溶解气形式储存于有机质和/或黏土矿物表面。页岩以黏土及粉砂级颗粒构成岩石组合,岩石具有超低渗透率,主要岩石类型有泥质、硅质、钙质粉砂岩和泥岩(黑色页岩)及其过渡类型,含有游离气和吸附气。含油气页岩为连续型沉积,因此发现页岩油气不难,开发难度较大;含油气页岩的纵向和横向非均质性强,储层描述十分重要。

C. D. Rokosh 等为评价西加拿大盆地页岩气资源潜力,在 2009 年对含气页岩进行了详细的界定。

事实上,"页岩"这个术语的使用很宽泛,同时也不是描述储层岩性的。美国页岩气储层在岩石学上具有很大差别,页岩气不止储存于页岩中,还储存于在岩石学和岩石结构上都很宽泛的岩石系列内,从泥岩到粉砂岩以及细砂岩,且它们都可以含有硅质或钙质成分。在西加拿大盆地,大多数被描述为页岩的岩石一般为粉砂岩,或者为多种岩石类型组成,如粉砂岩、砂岩纹层与页岩纹层或层段互层。这种富有机质"页岩"的复合岩石类型预示着天然气的复合储集机理,可以是有机质吸附储存,也可以是宏观、微观孔隙中的游离状态储存。纹层具有双重作用,它可以储集游离气,还可以将那些从有机质上解吸的天然气运移到井筒。纹层孔隙度和渗透率的大小以及纹层与压裂裂缝的连接性是决定页岩气开发效率的关键。另外,储存与微孔和沥青纳米孔的溶解气(Bustin,2006)虽然在过去被认为比例很小,但很可能是另一个气源。在页岩储存中，与吸附气和溶解气相比，游离气可能是开发中更为主要的气源。确定游离气、溶解气、解吸气的比例对资源和储量评价十分重要。由于解吸气在低压下较游离气更容易扩散，所以以上数据在页岩气生产和储量计算中也十分关键。

### 3. 页岩油气与其他油气的界限

C. D. Rokosh 等认为，严格的含气页岩定义的缺位，对页岩气资源评价产生了附加难度。岩石类型的多样性使得页岩气与其他类型油气出现交叉过渡，例如"致密气"（Petroleum Technology Alliance of Canada，2005）。一般情况下，致密气与页岩气的一个显著区别是致密气储层不含有机质，我们区分含气页岩和致密砂岩的主要依据是其是否含有有机质。页岩气与致密气的另一个显著差别是页岩气储层岩性复杂，每个含气页岩层段内至少有 8 种岩石类型，包括页岩、泥岩、粉砂质泥岩、泥质粉砂岩等富含有机质的细粒岩石，也包括部分白云质灰岩、细砂岩等夹层并且含气页岩层段在纵向和横向上变化较大，具有明显的各向异性。而致密气储层的岩性相对单一，以致密砂岩、灰岩为主。从天然气角度看，两者在储层中赋存具有明显差异，页岩气在储层中具有吸附、游离、和溶解 3 种赋存状态，而致密气主要为游离气和溶解气。从储集空间看，页岩气储集空间中，有机质孔隙发育，纳米级孔隙发育，与致密砂岩等储层有较大差别。

### 4. 页岩气储层多样性对其研究与开发的影响

C. D. Rokosh 等认为，在富有机质"页岩"观察到的岩石类型的多样性说明具有不同类型的"页岩气"储层。正如美国通过 20 年的时间所证实的那样（Cramer，2008），每种储层有特定的地球化学和地质特征，相对应地需要特定的钻井、完井、开发生产以及资源和储量评价方法。

通常，由于每套页岩油气目标层都有其独特性，为探明其特点，一套页岩在实现商业开发前，一般要先打 20～40 口试验井，试验井要进行取心、开展常规和专项测井、分析测试工作，条件合适时要进行固井压裂等开采实验工作。这项工作包括 2～3 口参数井，2～3 口开发试验井（一般为水平井），以及 2～3 个开发试验井组。因此前期投入较多，且成本偏高。

由于页岩气的特殊性，其研究与开发也具有特殊性。首先，研究对象为烃源岩层系中富含油气层段,研究工作针对整个层段展开,对富含油气层段进行多方面的系统解剖;成藏研究侧重于有机质丰度、成熟度、含油气性、岩石矿物组成、储集空间类型及储集特征、储层岩性多样导致的各向异性、储层脆性、厚度、埋深、稳定性等,同时需要结合微米、纳米级孔隙的研究手段,侧重于在大面积分布的含油气页岩层段中找甜点。储层体积改造是开发的主要方式。

## 1.2　　我国页岩气概念引入与发展

### 1.2.1　　概念的引入和演变

20 世纪 90 年代,我国开始引入现代页岩气概念,相关研究悄然起步。从杨登维等(1994)翻译《能源气的未来》开始,张绍海等(1995)、樊明珠等(1997)认识到页岩中存在大量吸附状天然气,具有较大勘探潜力;马新华等(2000)认为,中国东部一些地区(如东濮和沾化凹陷)已在页岩中获得商业气流;曾庆辉等(2006)、薛会等(2006)指出了我国页岩气可能分布的主要领域和层系。

张金川等(2003,2004,2008)对同时具有游离和吸附特点的现代页岩气特点及成藏机理进行了探讨,并给出了页岩气的定义。张金川等(2003,2004)认为页岩气是指主体位于暗色泥页岩或高碳泥页岩中,以吸附或游离状态为主要存在方式的天然气聚集。在页岩气藏中,天然气也存在于夹层状的粉砂岩、粉砂质泥岩、泥质粉砂岩,甚至砂岩地层中,这是天然气生成之后在源岩层内就近聚集的结果,表现为典型的"原地"聚集模式。从某种意义来说,页岩气的形成是天然气在源岩中大规模滞留的结果,由于储集条件特殊,天然气在其中以多种相态存在。

对比 Curtis(2002)和张金川(2003,2004)的定义可以看出,两者均强调页岩气的两个主要特征:一是游离气与吸附气并存,从美国情况看,吸附气为 80%～20%,范围很宽,对应地,游离气为 20%～80%,其中,部分页岩气含溶解气;二是强调页岩系统,包括富有机质页岩,富有机质页岩与粉砂岩、细砂岩夹层,粉砂岩、细砂岩夹富有机质页岩。页岩气形成于富有机质页岩,储存于富有机质页岩或一套与之密切相关的连续页岩组合中,不同盆地页岩气层组合类型不相同。

## 1.2.2　页岩油气概念界定

自 2004 年以来,国土资源部油气资源战略研究中心开展的页岩气资源调查评价工作,一直在不断界定和完善页岩气相关概念。李玉喜等在我国未来油气资源新区新领域优选课题项目的 2006—2008 年度成果报告中,开始系统研究包括页岩气、页岩油在内的非常规油气资源,并将美国现代页岩气、页岩油的概念系统引入并加以推广。当时页岩气、页岩油的开发价值还没有被充分认识,在这种情况下开展页岩气资源调查评价工作除了需要进行知识和资料准备外,还要进行页岩气概念的解释与说明,页岩气开发价值的分析和美国实例的介绍。

2009—2013 年的页岩油气资源调查评价及有利区优选工作中,在不断总结我国富有机质页岩类型、分布规律及页岩气富集特征同时,页岩气的概念也在逐步清晰、逐步形成。国土资源部油气资源战略研究中心在多年组织实施全国页岩气资源调查评价工作基础上,集石油企业、大学、科研院所各方专家学者的认识,逐步形成了页岩油气定义。

页岩油气是指生成并赋存于烃源岩层系内的油气资源,为烃源岩层系内有机质经热演化或生物作用生成的油气滞留在烃源岩层系内形成。其中页岩气主要赋存方式为吸附、游离和溶解状态,主要成分为甲烷,并含有乙烷、丙烷、丁烷等多碳烃;页岩油以轻质油为主,并含有湿气。可商业开发的页岩油气富集在烃源岩层系内的特定岩性层段,称为含油气页岩层段。

含油气页岩层段是指烃源岩系内具有一定厚度的页岩气、页岩油连续富集的烃源岩层段。该层段一般由富含有机质的泥岩、页岩、粉砂质泥页岩、泥质粉砂岩、白云质泥页岩、灰岩等组成复杂的岩性段,有时还发育富含有机质细砂岩。油气的储集空间中,有机质孔隙占一定比例,纳米级孔隙发育。这种由多种岩石类型组成的复杂岩性段对页岩油气的富集、页岩油气的开发有多方面的影响。

以上定义较为准确地概括了页岩气的特点：层位为油气源岩层系中的油气富集层段，层位相对固定；油气富集层段的岩性以富有机质细粒岩石为主，多种岩石类型构成连续含油气地层层段；储集空间中，有机质孔隙及纳米级孔隙发育。烃类气体以吸附状态和游离状态为主赋存于该地层层段中。

## 1.3　　　国外页岩油气类型划分

页岩油气类型划分目前还没有形成统一认识。Daniel M. Jarvie 和 R. Paul Philp 等将美国页岩气划分为生物成因和热成因两大类，热成因页岩气又按含气页岩层段中非页岩夹层发育与否分为两种，按页岩气运移情况又划分出经过运移的一种特殊类型，这样，页岩气划分为四种类型，见表 1－1。而页岩油按储层裂缝发育情况和夹层发育情况划分为三种类型。

1. 四种页岩气类型

（1）生物成因页岩气（biogenic shale gas），典型的有密执安盆地泥盆系 Antrim 页岩，Nebraska 中部地区白垩系 Niobrara 页岩，伊利诺斯盆地泥盆系新 Albany 页岩的一部分。

（2）热成因页岩气（thermogenic shale gas），分布最广泛，为美国页岩气的主要成因类型之一，典型的有 Fort Worth 盆地 Barnett 页岩，Appalachian（阿帕拉切亚）盆地泥盆系 Marcellus 页岩，Anadarko 盆地泥盆系 Woodford 页岩，Arkoma 盆地密西西比系 Fayetteville 页岩等。

（3）有非页岩相夹层的热成因页岩气（thermogenic shale gas，hyrbid non-shale lithofacies），典型的有东得克萨斯盐盆地侏罗系 Haynesville 和 Bossier 页岩，Anadarko 盆地 Panhandle 地区的宾夕法尼亚页岩，Raton 盆地白垩系 Pierre 页岩，南得克萨斯盆地白垩系 Eagle Ford 页岩，西加拿大盆地三叠系 Montney 页岩等。

（4）有运移的热成因页岩气（thermogenic shale gas，migrated），这类页岩气比较

少,主要有 Wind River 盆地古新统 Waltman 页岩。

### 2. 三种页岩油资源类型

（1）发育裂缝的页岩油（shale oil, fractured），典型的有 San Joaquin 盆地中新世 Antelope 页岩，Santa Maria 盆地中新统 Monterey 页岩，San Juan 盆地白垩系 Mancos 页岩。

（2）有非页岩相夹层的页岩油（shale oil, hyrbid non-shale lithofacies），典型代表有 Williston 盆地泥盆系 Bakken 页岩，蒙大拿中部坳陷宾夕法尼亚系 Heath/Tyler 页岩。

（3）致密页岩中的页岩油（shale oil, tight shale），典型的有 Fort Worth 盆地密西西比系 Barnett 页岩，密西西比盐盆地白垩系 Tuscaloosa 页岩等。

| 序 号 | 盆地（地区） | 地 层 | 页 岩 | 页岩油气类型 |
|---|---|---|---|---|
| 1 | 密执安盆地 | 泥盆系 | Antrim 页岩 | bg |
| 2 | Nebraska 中部地区 | 白垩系 | Niobrara 页岩 | bg |
| 3a－b | 伊利诺斯盆地 | 泥盆系 | 新 Albany 页岩 | bgtg |
| 4 | Ardomore 盆地 | 泥盆系 | Woodford 页岩 | tg |
| 5 | 东得克萨斯盐盆地 | 侏罗系 | Bossier 页岩/砂岩 | tgh |
| 6 | | 奥陶系 | Utica 页岩 | tg |
| 7 | Appalachian 盆地 | 泥盆系 | Marcellus 页岩 | tg |
| 8 | | 石炭系 | Conasauga 页岩 | tg |
| 9 | Arkoma 盆地 | 密西西比系 | Fayetteville 页岩 | tg |
| 10 | Arkoma 盆地 | 泥盆系 | Woodford 页岩 | tg |
| 11 | ETNL 盐盆地 | 侏罗系 | Haynesville/Bossier 页岩 | tgh |
| 12 | Fort Worth 盆地 | 密西西比系 | Barnett 页岩 | tg |
| 13 | Maverick 盆地 | 白垩系 | Pearsall 页岩 | tg |
| 14 | Delaware 盆地 | 宾夕法尼亚-密西西比-泥盆系 | 宾夕法尼亚-密西西比-泥盆系页岩 | tg |
| 15 | Anadarko 盆地 | 泥盆系 | Woodford 页岩 | tg |
| 16 | Panhandle 地区 Anadarko 盆地 | 宾夕法尼亚系 | 宾夕法尼亚系页岩 | tgh |
| 17 | Raton 盆地 | 白垩系 | Pierre 页岩 | tgh |
| 18 | Paradox 盆地 | 宾夕法尼亚系 | Gothic 页岩 | tg |

表1-1 北美含油气页岩及页岩油气类型划分（Daniel M. Jarvie, R. Paul Philp, 2010）

（续表）

| 序 号 | 盆地（地区） | 地 层 | 页 岩 | 页岩油气类型 |
|---|---|---|---|---|
| 19 | 大绿河盆地 | 白垩系 | Baxter 页岩 | tg |
| 20 | Big Horn 盆地 | 白垩系 | Mowry 页岩 | tg |
| 21 | Wind River 盆地 | 古新统 | Waltman 页岩 | tm |
| 22 | Big Horn 盆地，BC | 泥盆系 | Muskwa 页岩 | tg |
| 23 | Williston 盆地 | 泥盆系 | Bakken 地层 | oh |
| 24 | 蒙大拿中部坳陷 | 宾夕法尼亚系 | Heath/Tyler 页岩 | oh |
| 25 | San Joaquin 盆地 | 中新统 | Antelope 页岩 | of |
| 26 | Santa Maria 盆地 | 中新统 | Monterey 页岩 | of |
| 27 | San Juan 盆地 | 白垩系 | Mancos 页岩 | of |
| 28 | Fort Worth 盆地 | 密西西比系 | Barnett 页岩 | ot |
| 29 | 南得克萨斯盆地 | 白垩系 | Eagle Ford 页岩 | tgh |
| 30 | 西加拿大盆地 | 三叠系 | Montney 页岩 | tgh |
| 31 | 密西西比盐盆地 | 白垩系 | Tuscaloosa 页岩 | ot |

页岩油气类型代号：bg—生物成因页岩气（biogenic shale gas）；tg—热成因页岩气（thermogenic shale gas）；tgh—有非页岩相夹层的热成因页岩气（thermogenic shale gas，hyrbid non-shale lithofacies）；tgm—有运移的热成因页岩气（thermogenic shale gas，migrated）；of—发育裂缝的页岩油（shale oil，fractured）；oh—有非页岩相夹层的页岩油（shale oil，hybrid non-shale lithofacies）；ot—致密页岩中的页岩油（shale oil，tight shale）

## 1.4　　　我国页岩油气类型划分

我国页岩油气的产出特点与美国不同。首先，美国研究和开发的页岩油气主要集中在海相油气源岩中，海陆过渡相、陆相油气源岩中的页岩气涉及较少；我国的地质特点是海陆过渡相、陆相油气源岩发育，分布广泛，页岩油气的资源调查评价和勘探开发不可避免地要涉及并探索海陆过渡相和陆相油气源岩。其次，我国海相油气源岩的热演化程度普遍较高，目前的探井和开发井所产出的主要为干气；海陆过渡相烃源岩的干酪根类型主要为Ⅲ型和Ⅱ$_2$型，以产气为主；陆相油气源岩主要分布在我国主要含油气盆地内,我国所生产石油的80%由陆相油气源岩贡献,这类油气源岩热演化程度($R_o$)不高,以页岩油、页岩油与页岩气混合产出为主。据此,将我国页岩油气划分为三类。

### 1. 产于海相、海陆过渡相含气页岩中的干气

我国目前在上扬子龙马溪组、牛蹄塘组(筇竹寺组)已勘探成功,获得的工业气流的海相含气页岩中产出的页岩气为干气,主要成分为甲烷,另含有少量乙烷和微量丙烷。我国海相烃源岩热演化程度普遍较高,热演化程度($R_o$)普遍大于2.0%,部分大于4.0%,已经处于干气演化阶段,部分已经过了生气高峰,主要产出干气。在海陆过渡相地层中,有机质类型以Ⅲ型及Ⅱ$_2$型为主,生气能力强,也主要形成干气。

### 2. 产于陆相含油气页岩中的湿气

湿气主要产自中生界陆相含油气页岩,包括四川盆地三叠系须家河组须一、须三、须五段页岩,侏罗系自流井组、大安寨组页岩,以及鄂尔多斯盆地延长组长七、长九段页岩等,其干酪根类型以Ⅱ$_2$型及Ⅲ型为主,这类烃源岩一般不分布在湖盆的沉积中心,主要形成在浅湖相。

### 3. 产于陆相含油气页岩中的轻质油

轻质油主要产自陆相含油气页岩。我国的主要产油盆地中,发育大量湖相烃源岩,如松辽盆地青山口组一段、渤海湾盆地沙河街组三段、准噶尔盆地芦草沟组、江汉盆地新沟嘴组、南襄盆地核桃园组等烃源岩层系,均发育富含页岩油层段。

与美国相比,我国已发现的页岩油气中,下古生界海相页岩,如龙马溪组、牛蹄塘组等,以产干气为主;中新生代陆相含油气页岩中,以产页岩油和湿气为主。美国页岩油气以产于海相含油气页岩层段的湿气和轻质油为主。

## 1.5　　页岩油气与致密油气关系

以上对页岩油气的定义和类型划分是以储层类型为基础的,而致密油气是按储层

渗透性划分的,两者划分依据不同。从渗透性角度看,大部分页岩油气属于致密油气,但也有一部分页岩油气储层的渗透率较高,不属于致密油气。

对于页岩油气与致密油气之间的关系,国内外均没有达成一致,国际上对于页岩油气与致密油气之间的关系认识有以下几种。一是将页岩油气与致密油气截然分开:产于烃源岩层段的油气为页岩油气;产于致密砂岩等非烃源岩层段的油气为致密油气,其中的油气经过了短距离运移。二是将页岩油气作为致密油气的一种,在大类上均划归致密油气类,并统一称为致密油气,不再称为页岩油气,或将页岩油气称为产自页岩的致密油气。

我们主张将页岩油气与致密油气截然分开:产自烃源岩层段的油气为页岩油气,产自致密砂岩等致密性非烃源岩层段的油气为致密油气。页岩油气与致密油气的区别,主要有以下四点:

(1) 含油气页岩与致密砂岩的区分主要依据是储层是否含有有机质,致密气最显著的特点是储层不含有机质。

(2) 致密油气储层岩性较为单一,以致密砂岩、碳酸盐岩等为主;页岩油气储层岩性成分复杂多样,一般有 8 种以上岩石类型组成复杂的细粒岩石为主构成的地层层段,具有很强的非均质性。

(3) 页岩气在储层中以吸附和游离状态为主赋存,另外有一定量的溶解气存在;而致密气主要以游离状态赋存。

(4) 页岩油气的储集空间中发育有机质孔隙,发育纳米级孔隙;致密油气储层的有机质孔隙基本不发育,纳米级孔隙较少。

## 1.6  页岩油气特点

与常规天然气和煤层气相比,页岩气的聚集具有显著特点。

(1) 页岩气的储层在地层层位上是确定的,在空间分布上也基本明确,即页岩油气储层为烃源岩层系内的富油气层段,这一特点与煤层气相似。

（2）页岩油气储层的岩性复杂多样，横向、纵向变化大，非均质性强，一个含油气页岩层段内往往有 8 种以上岩石类型，具有典型的层状各向异性。

（3）页岩油气储集空间多样，其中最具特色的是有机质孔隙发育，纳米级孔隙发育，并且含气（油）页岩储层具有低孔、超低渗特征，与常规油气、致密油气和煤层气均有较大差异。

（4）页岩气在储层中以游离和吸附两种状态为主富集，另外有部分溶解相存在，这与常规气、致密油气和煤层气均不相同。

（5）页岩油气主要聚集在构造相对稳定区，这点与致密油气和煤层气有相似之处。

（6）页岩油气储层层状各向异性使储层的岩石力学性质、剖面最小主应力、平面最大与最小主应力差的分布变得复杂，对压裂缝高的控制、压裂缝网发育特征的影响多样，相同的压裂施工技术和程序，会产生截然不同的压裂效果。

（7）热成因页岩气不产水，这点与常规气和煤层气均有一定差别，在不进行压力控制和产量控制时，页岩油气单井产量快速下降、长期低产。

（8）页岩气的开发高度依赖于技术进步，从含气页岩层识别到空间分布特征描述，从页岩层水平井钻完井到储层多段压裂改造，应用并发展形成了石油领域最新的科技成果，更主要的是成果的集成应用。

### 1.6.1　含油气页岩发育层位明确

页岩油气与常规油气一样，均形成于烃源岩层系内，由富有机质泥页岩地层中有机质热演化或生物作用形成。与常规油气不同的是，页岩油气基本没有经过二次运移，而是直接储集于富有机质泥页岩及其夹层构成的地层层段内，形成含气（油）页岩层段。页岩油气具有自生、自储、自保的成藏特征。

经过 60 余年的地质调查和油气资源勘探开发工作，对我国富有机质页岩发育的层系和含气（油）层段基本掌握。其中海相富有机质页岩主要形成于下寒武统、上奥陶-下志留统和泥盆系，页岩沉积厚度大、分布广，在扬子地区、塔里木地区等广泛分布;湖相富有机质页岩主要形成于二叠系、三叠系、侏罗系、白垩系、古近系和新近系,在我国含油气盆地中广泛分布;海陆过渡相和湖沼相泥页岩层系主要形成于石炭-二叠系、侏罗系和第三系,在华北、滇黔桂和大量中新生代含煤盆地中广泛分布。

### 1.6.2　　　　烃源岩层系岩性复杂多样

近年来,随着页岩油气勘探的深入,对烃源岩层系岩性组成研究逐步加深,逐步认识到烃源岩层系岩性组成的复杂性。总结国内外含油气页岩层段岩性组成可以看出,含油气页岩层段的岩石类型一般不少于 8 种,主要有页岩、泥岩、粉砂质泥岩、粉砂质页岩、粉砂岩、细砂岩、白云质灰岩、白云岩等。岩性的横向、纵向变化较大,含油气页岩储层的非均质性强(图 1-1,图 1-2)。

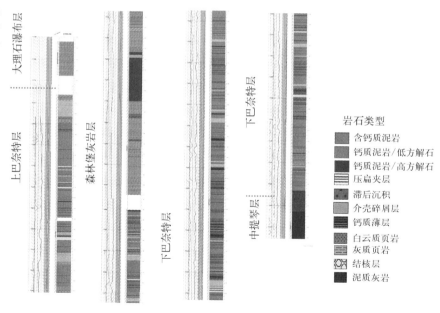

图 1-1　美国 Barnett
页岩岩相和矿物成分
(Roger Slatt, Prerna
Singh, et al, 2009)

岩石类型

- 含钙质泥岩
- 钙质泥岩/低方解石
- 钙质泥岩/高方解石
- 压扁夹层
- 滞后沉积
- 介壳碎屑层
- 钙质薄层
- 白云质页岩
- 灰质页岩
- 结核层
- 泥质灰岩

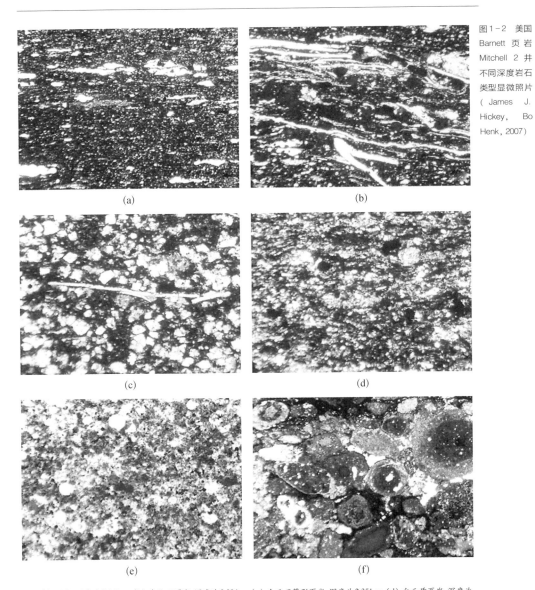

图 1-2 美国
Barnett 页岩
Mitchell 2 井
不同深度岩石
类型显微照片
(James J.
Hickey, Bo
Henk, 2007)

(a) 有机页岩,深度为 2 340 m;(b) 含化石页岩,深度为 2 334 m;(c) 白云石菱形页岩,深度为 2 351 m;(d) 白云质页岩,深度为 2 362 m;(e) 凝固的碳酸盐,深度为 2 348 m;(f) 磷肥颗粒,深度为 356 m

### 1.6.3 页岩油气储层孔隙结构

页岩油气储层有机质孔、纳米级孔隙发育,具有低孔、超低渗特征。页岩储层基质孔隙度一般小于10%;孔隙空间包括粒间孔、粒内孔、有机质孔隙和裂隙,孔隙类型多样。其中,有机质演化形成的孔隙对储集空间有明显的贡献,一般达到25%以上。页岩渗透率一般以纳米级为主,渗透率极低,如果天然裂缝不发育,页岩气无法自行流动,不能形成自然产能(图1-3,图1-4)。

图1-3
含油气页岩
孔隙特征

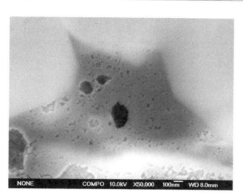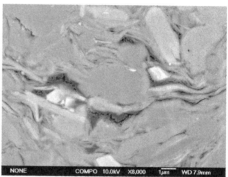

(a) 龙马溪组有机质孔隙　　　　　　(b) 龙马溪组粒间孔及收缩缝

图1-4
我国南方下
古生界含油
气页岩孔喉
特征

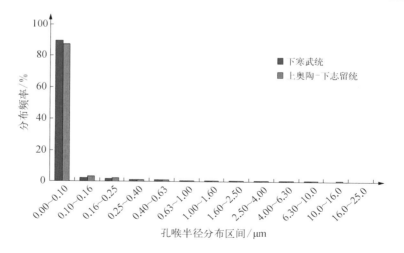

### 1.6.4 游离气和吸附气并存

烃类气体在页岩中有多种赋存方式,包括吸附、游离和溶解,以吸附和游离赋存方式为主。其中吸附气含量随着埋藏深度的增加而增加,梯度由快变慢,到 2 000 m 以下,增加速率明显降低;游离气随深度的增加平稳增加。在 1 500 ~ 2 500 m 深度内,吸附气和游离气各占 50% 左右。吸附相的存在,使其明显区别于常规气和致密气;游离相的存在,使其又有别于煤层气(图 1-5)。

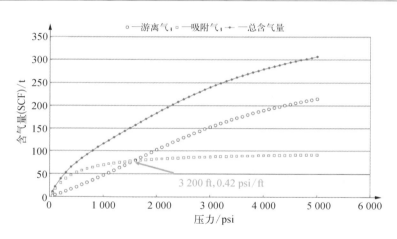

图 1-5 游离气、吸附气、总含气量关系
(R. D. Barree, 2009)

1 psi = 6 894.76 Pa, 1 ft = 0.304 8 m

### 1.6.5 页岩油气主要分布

页岩油气分布主要受富有机质页岩分布、顶底板和埋深控制,一般位于向斜和斜坡区内,页岩气富集面积较大,因此勘探开发成功率高。在构造破坏严重地区,由于断裂活动的降压解吸作用,使断裂附近的页岩气被破坏释放,页岩气主要富集在局部稳定区内(图 1-6)。

图1-6 天然气模式(据美国能源信息署)

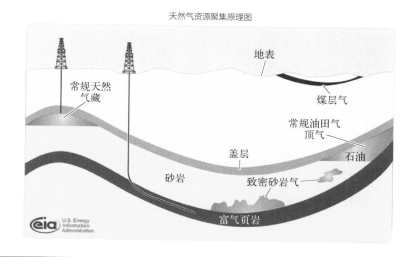

天然气资源聚集原理图

## 1.6.6 页岩油气储层的压裂效果

岩石力学性质、地应力状态影响压裂效果。页岩油气储层层状各向异性使储层的岩石力学性质,剖面最小主应力、最大主应力,以及平面最大与最小主应力差的分布变得复杂,对压裂缝高的控制、压裂缝网发育特征的影响多样,相同的压裂施工技术和程序会产生截然不同的压裂效果。

## 1.6.7 页岩气的开发高度依赖于技术进步

页岩气的开发高度依赖于水平井钻完井技术和水平井分段压裂技术。页岩层系水平井技术关键是按最优方向准确钻遇目地层、并保持井眼完整,便于后续固井和压裂。水平井分段压裂技术的关键是实现页岩层系的体积压裂,要求尽量在页岩层系中形成网状裂缝,增加泄气面积。这与常规油气储层改造中要求尽量造长缝的理念完全不同,具体压裂的技术细节差别较大。

1. 地震勘探技术

通过页岩地层的地震属性特征得到页岩地层的三维空间分布,详细描述影响页岩气开发的断层和陷落柱分布,通过特定属性提取,可以预测脆性区分布规律,为合理部署页岩气开发提供科学依据(图1-7,图1-8)。

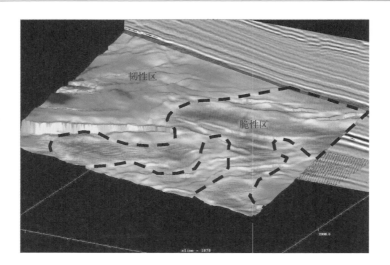

图1-7 页岩气储层及其脆性区地震识别(Galen Treadgold, et al, 2011)

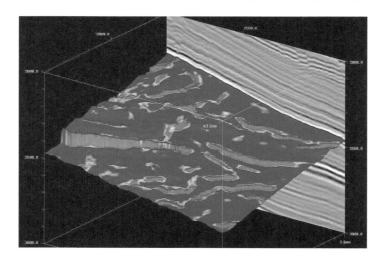

图1-8 断层识别及钻井优化部署(Galen Treadgold, et al, 2011)

### 2. 钻井技术

埋深大于 1 500 m 左右的页岩气主要通过水平井进行开发。由于含气页岩为软岩石,黏土矿物含量高,在含气页岩层进行水平井钻井有其特殊性,需要选择恰当的钻具、材料,采用适当的钻井工艺,才能实现优快钻井,提高效率,降低成本。同时要综合多方面因素确定井眼轨迹,特别要考虑地应力对压裂裂缝的影响(图 1 - 9)。

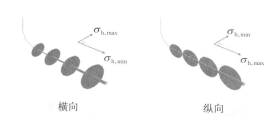

图 1 - 9 地应力与压裂立方关系(Randy LaFollette,2010)

横向　　　　　　　纵向

### 3. 压裂技术

自 1947 年在油气开采中首次实施水力压裂以来,到目前已经发展成为油气领域的一项常规增产技术。在许多非常规油气如致密砂岩气和页岩气的开发中,对储层压裂改造是形成商业产量的关键技术。压裂的主要目的是尽量加大储层改造的体积,以便在井控范围内获得最大的页岩气产量。因此,要对储层的多方面因素进行分析,包括储层孔隙度和渗透率;如果是水平井,要考虑水平段的延伸长度;储层的脆性或韧性,杨氏模量、泊松比、裂缝连接强度;储层厚度,隔挡层情况,埋藏深度;原地应力,最大主应力、应力方向;储层岩石学特征,应力的各向异性;天然裂缝发育情况;储层温度、压力等。压裂技术手段较多,目前主要采用套管+封隔器组合进行压裂(图 1 - 10)。

### 4. 微地震监测技术

微地震监测的主要作用有两点:一是适时进行压裂信息反馈,并根据反馈数据,及时修正压裂施工参数,包括排量、压力等,来控制缝高等;二是根据监测结果进行压裂效果分析和产量预测。微地震监测的实施方式主要通过邻井井下监测实现,实践证明这种方式的地表干扰小,监测效果较好(图 1 - 11);另外也可通过地表布设监测设备监测。

图1-10 压裂要
求控制缝高并实现
网状裂缝（Tim
Beard, 2011）

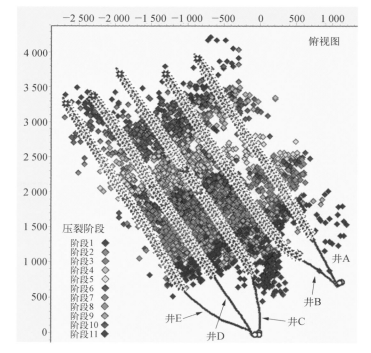

图1-11 多井微
地震联合监测结果
（John P. Vermylen
et al, 2011）

单位 ft, 1 ft = 0.304 8 m

## 第 2 章

国内外页岩气
勘探开发及页岩
油气地质特征

近年来,美国页岩油气勘探开发技术取得全面突破,产量快速增长,已经改变了美国油气供应格局,美国国内油气供应大幅度增加,已经达到美国天然气产量的一半,价格处于低位,减少了美国油气的对外依存度,降低了能源价格以及制造业的综合成本,对国内能源、交通运输、制造业产生了深远影响,对美国经济的全面振兴起到了助推剂作用,并为美国采取更为主动的对外政策提供了强有力的支撑。同时,美国页岩油的大发展,在全球石油供应基本平衡的基础上,增加了近 2 亿吨的额外供给,对国际天然气市场供应和世界能源格局产生了巨大影响。

## 2.1　　　美国页岩气革命过程与地质认识和技术突破关系

页岩油气勘探开发首先在美国取得成功,并导致美国页岩气"革命"。对美国页岩气的勘探开发历程进行分析,对推动我国页岩油气勘探开发与发展具有重要的借鉴意义。美国正处在主要因技术进步带来的天然气繁荣之中,技术进步使聚集于富有机质页岩中的天然气得以经济有效开发。

美国页岩气产量占天然气产量的比例已经从 2001 年的 2% 上升到 2015 年的 33% 以上。美国 2013 年页岩气产量达到了 $3\,200 \times 10^8\ m^3$。页岩气产业的繁荣使天然气能源发电仅在几年中就由 20% 上升到了 30% 以上。页岩中的天然气资源,以往被认为不可开发,在过去十年中被认为难以经济有效开发,目前不但实现了经济有效开发,而且其资源量非常丰富。页岩气产业的发展拓展了美国国内能源生产,也使得电价达到了历史新低,并加速了老煤电厂的淘汰速度,明显改善了公共卫生。这些进步主要得益于天然气工业与政府部门持续有效合作带来的技术革命。

### 2.1.1　　　美国页岩气产业化发展的关键阶段

1821 年在纽约州 Fredonia 县,天然气首次从页岩中开发出来。

1947 年水力压裂首次用于从灰岩中开发天然气。

1970 年代美国国内天然气产量下降,摩根敦能源研究中心(Morgantown Energy Research Center, MERC,现在为国家能源技术实验室)实施东部含气页岩项目。

1976 年,MERC 的两名工程师申请了在页岩中钻定向井的专利。

1977 年,美国能源部(Department of Energy, DOE)成功在页岩中实施了大型压裂(Massive Hydraulic Fracturing, MHF)。

1980 年,美国国会通过《能源意外获利法》第 29 节,对非常规天然气给予税收优惠(持续到 2002 年)。

1986 年,由美国能源部和私人领域联合投资,在西弗吉尼亚 Wayne 县的钻探的水平井成功实施多段压裂。

1991 年,美国天然气研究院(Gas Research Insitute, GRI,现在为天然气工艺研究院)资助米切尔能源公司在得克萨斯的 Barnett 页岩成功实施水平井钻探。

1998 年,米切尔能源公司工程团队应用"滑溜水压裂"技术将大型水力压裂成本从 25 万~30 万美元降到 10 万美元,成功实现了页岩气商业开发。

21 世纪开始,天然气产量的增长速度快于所有其他能源;页岩气产量的快速增长使天然气价格达到了历史新低。

## 2.1.2　　地质认识与技术创新推动了美国页岩气革命

### 1. 页岩气革命前

1820 年代,天然气最早在纽约的 Fredonia 开发出来,比在纽约 Titusville 的油井中得到发现石油还要早几年(图 2-1)。但页岩气在早期的应用受到限制,开发规模很小,历经 150 年,页岩气在美国能源构成中的作用并不是很大。

今天,页岩气通过水力压裂得到开发。水力压裂早在 1940 年代就在天然气开发中应用,但直到 1970 年代—1980 年代为开发页岩气,这项技术才得到了进一步发展。页岩地层具有不同于灰岩和砂岩的特殊地质特征,这使得其在开发中达到预期压裂目标十分困难。常规牙轮钻头和低质量的成像技术还无法实现较为准确的跟踪压裂效

图 2-1 美国第一口天然气井（Gary G. Lash, 2008）

果。为掌握页岩地质特征，需要进行系统的基础研究，为技术的商业化应用，成功开发页岩气提供基础支撑。

　　常规压裂技术已被证明在页岩气开发中是不成功的。工程师们没有经济有效描述页岩展布、在页岩层中进行水平井钻井、造出可产气且可预测的裂缝以及开发出锁在页岩层中的页岩气等相关技术和知识基础。所以地质学家自 1820 年代就知道页岩中有大量的天然气，但直到 20 世纪后期才开始开发这种资源并不令人吃惊，在页岩气压裂技术得到发展前，天然气公司要钻穿页岩地层到下部的砂岩层去开发油气。

　　2. 认识突破

　　1970 年代早期，美国天然气产量开始下降，在 10 年中，福特和卡特政府在石油危机时期优选开展化石能源研发，天然气工业界找到联邦政府的研究机构寻求在国内天然气资源潜力方面的帮助。工业和政府的研究人员将目光放在了当时的钻井技术无法开发的非常规油气资源上,包括煤层气、致密砂岩气和页岩气等。

1970 年代,美国联邦政府实施了寻找非常规天然气的统一行动来应对能源短缺。1976 年,摩根敦能源研究中心和矿产局(Bureau of Mines,BOM)启动了东部含气页岩项目,这个项目持续到 1992 年,历时 16 年,政府共投入超过 9 200 万美元,建立了一系列的合作示范,包括宾夕法尼亚和西弗吉尼亚的大学、私人天然气公司等。同年,两名摩根敦研究中心的工程师 Joseph Pasini Ⅲ 和 William K. Overby,Jr. 申请了早期的定向页岩钻井技术专利,这项技术使作业者能够增加对页岩储层的波及半径。这些突破将引导在页岩中进行水平井钻井技术的发展,而事实证明,水平井钻完井技术是经济有效开发页岩气的技术。

一项早期的革新来自通用电力和能源研究与发展署(Energy Research and Development Administration,ERDA,美国能源部的前身)的合作——开发先进的钻头。在页岩地层中钻井,与常规钻头相比,金刚石镶嵌钻头更有效率。ERDA 最初是打算用金刚石钻头在干热岩中钻井,满足地热能开发项目需要,在与天然气产业合作开发页岩钻井所需钻头后,发现这种钻头成功地应用于页岩地层中钻井。

在研究和改良页岩气开发工具和技术过程中,联邦研究人员和工程师经常与天然气公司密切合作。国家实验室,包括 Sandia,LosAlamos 和 Lawrence Livermore 为 MERC 的示范项目提供了多方面支持。1979 年,政府部门与私人领域合作推动页岩气、煤层气市场化的努力取得进展,写进了能源部的商业化开发非常规天然气资源计划。

由于页岩的特殊地质特征,需要新的成像技术来描述页岩地层。三维微地震成像,一种由 Sandia 国家实验室为煤矿开采研发的技术被偶然地引入到了页岩气钻探中。新的地震工具和成图软件使得页岩地层可视化,准确确定天然裂缝位置,确定非均匀分布的页岩气储层分布。离开微地震,页岩钻井就处于盲钻状态,没有准确的成像技术,政府以及私人领域的压裂研发成果也得不到证明。

1980 年,美国国会通过了《能源意外获利法》,其中的第 29 节对非常规天然气开发实施税收优惠,对产自非常规资源中的天然气给予每千立方英尺[①] 0.5 美元的免税

---

① 1 000 立方英尺(mcf)= 28.317 立方米(m³)。

额度。这项税收减免于2002年到期,在米切尔能源在Barnett页岩实现商业开发之后。在这段时间内,非常规天然气产量翻了4番,其中税收优惠对非常规天然气产量的增长起到了至关重要的作用。

在这个产业发展早期,联邦政府的支持被证明是十分必要的。正如Julander Enenrgy公司领导、国家石油委员会成员Fred Julander所言"能源部在没人感兴趣时开始进行(页岩气)相关基础研究,今天我们都在从中受益。能源部早期在含气致密砂岩、含气页岩和煤层气方面开展研发工作帮助并推动了我们今天在页岩气领域所应用的关键技术的发展"。

### 3. 技术创新

大多数早期的研发和示范工作主要在泥盆系页岩和Marcellus页岩开展,大规模的页岩分布在宾夕法尼亚、俄亥俄、肯塔基和西弗吉尼亚的部分地区。但最终的突破来自得克萨斯西北部的Barnett页岩。乔治·米切尔,一个得克萨斯天然气工业的老兵,希望将形成于美国东部的技术应用于Barnett页岩。他和其他工业界代表在1980年代的大部分时间里宣传能源部的化石能源研究,即使在国家享受石油低价,国会要取消研发预算时也仍然坚持。同时,米切尔能源的工程师和地质学家进行了大量的室内研发工作,研究规模化压裂在页岩气开发中的商业应用。

1986年,一项能源部与私人领域合作的探索成果展示了在泥盆纪页岩中进行的水平井多段压裂技术。但直到米切尔能源团队完善了钻井和给料程序后,商业规模的水力压裂开发技术才得以实现。同样,在这项工作中,联邦政府也介入并提供了帮助。

为了进一步完善最初由ERDA,MERC,DOE以及其他联邦机构开发的大型水利压裂技术和定向钻井技术,米切尔能源从与联邦政府直接和持续的合作中受益。在1980年代,米切尔依靠DOE的制图技术和研究成果,对致密页岩复杂的地质特征有了深入了解。1991年,米切尔与DOE和GRI合作开发可以有效压开Barnett页岩的压裂工具,Barnett页岩目前生产美国6%的天然气。GRI的微地震成像数据在1990年代当米切尔能源进行最关键的创新——"压裂Barnett页岩"时,也被证明十分有用。

虽然自 1980 年代以来非常规天然气产量一直在不断增长,但水力压裂技术还不完善,应用规模也不够,如果没有补贴,还达不到完全商业化。页岩气生产还依赖《能源意外获利法》第 29 节的税收优惠,像米切尔能源等。在成功示范了在 Barnett 页岩的水平井多段压裂技术之后,工程师们还要开发优化压裂液组合,包括水、砂、支撑剂、化学减阻剂等,以实现在最低成本条件下天然气产量最大化。1998 年,由 Nick Steinsberger 领导的米切尔能源工程师团队,应用了一种创新性钻完井技术,称为"滑溜水压裂"(或称为"轻砂压裂")技术,使得大型水力压裂项目的压裂成本从 25 万~30 万美元降到 10 万美元。这项创新被广泛地认为对实现页岩气的商业化开发具有里程碑意义。

米切尔能源在 2002 年以 35 亿美元的价格被 Devon 能源收购,同年,第 29 节的税收优惠条款期满失效。

## 2.1.3　实现页岩气产业化的关键技术

水平井和水力压裂的结合,使得生产者能够从低渗地质体——特别是页岩中开发天然气并获利。

1. 水力压裂

虽然水力压裂试验可以追溯到 19 世纪,但通过压裂技术增产油气的技术在 1950 年代进入迅速增长阶段。1970 年代中期开始,由私营业主、美国能源部及其前身、天然气研究所组成的合作团队开发美国东部埋藏相对较浅的泥盆系页岩(位于休伦湖附近)中的天然气。在此过程中,这个合作团队开发了水平井、多段压裂、滑溜水压裂等技术。

2. 水平井钻井

1980 年代早期,在井下钻井马达得到改进以及其他必需的支持装备、材料和技术(特别是井下遥测设备)被发明并取得部分商业应用的情况下,部分水平井技术被应用到石油开发中。

## 2.1.4　　　联邦政府、研究机构和私营公司的作用

突破研究所(Breakthrough Institute)通过对历史学家、天然气工业经理人、工程师和联邦政府研究人员的一系列调查和会见,对联邦政府在发展经济有效的页岩气开发技术中所扮演的历史角色进行了揭示。发现在水力压裂和其他天然气开发关键技术上的改革和进步均来自公共-私人的合作研究和商业化努力。从基础科学到研发应用、到技术示范、到税收政策支持、到与私企的成本分担合作,联邦政府对于天然气工业工程技术人员实现制图、钻井、开发页岩气,以及更重要的,实现经济有效开发方面,被证明是必要的。概括地讲,联邦政府参与页岩气开发技术方面投资的时间跨度有30年,主要包含以下工作:

(1)东部含气页岩项目,为1970年代实施的一系列由公共-私人领域合作的页岩气钻井示范工程。

(2)与天然气研究院的合作,一个工业研究联合体,利用联邦能源监管委员会(Federal Energy Regulatory Commission, FERC)的部分基金和研发资金。

(3)能源研究与发展署、矿产局、摩根敦能源研究中心开发的早期页岩气压裂和定向井钻井技术。

(4)出台非常规天然气税收优惠政策(1980—2002年,《能源意外获利法》第29节)。

(5)示范项目的补贴和成本分担,包括1986年在西弗吉尼亚Wayne县实施的第一个成功的水平井钻井和多段压裂气藏、1991年米切尔能源在得克萨斯Barnett页岩实施的第一口水平井。

(6)三维微地震成像,一种由Sandia国家实验室为煤矿开发的地质制图技术。

这些与天然气工业紧密结合的联邦投资对页岩气商业化开发起到了独特的作用。这一过程经历了30年,页岩气也从紧锁在我们不熟悉的页岩地层中的不可开发资源发展成为对国家能源贡献增长最快的资源。

从以上过程可以看出,除位于东北部的Antrim页岩外,其他页岩气实现商业化开发均始于1998年米切尔公司的"滑溜水压裂"技术在Barnett页岩的成功应用。私营公司对页岩气的商业化开发起到了关键作用。

### 2.1.5 页岩气开发的商业化及其作用

#### 1. Barnett 页岩气开发的商业化

直到 1990 年代后期,米切尔能源和发展公司在得克萨斯州中北部 Barnett 页岩取得页岩气商业开发成功之后,页岩气的大规模商业化开发开始出现。由于米切尔能源与发展公司的成功成为明显的现实,其他公司才勇敢地进入了这一页岩气区带,因此,2005 年,仅 Barnett 页岩就生产了 500 Bcf①的天然气。

#### 2. 其他地区页岩气开发的商业化

在 Barnett 页岩气开发获益,以及开发堪萨斯州 Fayetteville 页岩气成功的进一步鼓励下,生产者逐渐开始投身于 Haynesville、Marcellus、Woodford、Eagle Ford 和其他页岩气的开发。

#### 3. 页岩气发挥革命性作用

虽然自 1990 年代后期就开始页岩气的商业化开发和生产,但直到近 5 年,页岩气才被认为是美国天然气市场的规则改变者。页岩气开发不断向新领域推进,使得页岩气干气产量从 2006 年的 1 Tcf②增长到 2010 年的 4.8 Tcf,占美国当年天然气总产量的 23%。到 2009 年底,美国页岩气湿气储量达到 60.64 Tcf,占全美国天然气储量的 21%,2013 年美国天然气储量达到了 1971 年以来的新高。近年来,从位于北达科他州和蒙大拿州的 Bakken 页岩区带中生产的页岩油的增长速度也十分迅速。

### 2.1.6 美国东部含气页岩项目简介

美国页岩气的发展得益于美国东部页岩气项目。20 世纪 70 年代的石油危机促使美国决策者考虑摆脱对进口能源的过度依赖,为此,美国能源部开始关注非常

---

① 10 亿立方英尺(Bcf) = 2 831.7 万立方米(m³)。
② 1 万亿立方英尺(Tcf) = 283.17 亿立方米(m³)。

规油气领域,并在 1976—1995 年,实施了多个非常规天然气资源研究项目,包括东部页岩气项目[Eastern Gas Shale Program,EGSP(1976—1992)],西部含气砂岩项目[Western Gas Sands Program,WGSP(1978—1992)],煤层甲烷项目[Methane Recovery from Coalbeds Program,MRCP(1978—1982)],深源气工程[Deep Source Gas Project,DSGP(1982—1992)],水合甲烷项目[Methane Hydrates Program,MHP(1982—1992)],天然气二次开发项目[Secondary Gas Recovery,SGR(1987—1995)]。

东部含气页岩项目主要针对美国东部厚层泥盆系黑色含气页岩进行。美国东部泥盆系含气页岩广泛分布,在约 160 000 平方英里①的西阿帕拉切亚盆地中,其中大约 40% 面积内的泥盆系页岩埋深小于 4 000 ft②,46% 面积内的泥盆系页岩埋深介于 4 000 ~ 8 000 ft。

自 1800 年代以来就已经认识到阿帕拉切亚盆地页岩沉积以及密执安盆地和伊利诺伊盆地的部分页岩沉积具有产气能力。到 1970 年代,这几个盆地的浅层页岩已经生产了大约 3 Tcf 天然气。

然而,与产自高孔渗砂岩和灰岩的常规天然气相比,泥盆系页岩因其气井产量低,和美国能源部在"非常规天然气资源研究项目"中确定研究的其他类型非常规天然气一样,一直被认为无关紧要。对泥盆系页岩原地资源量和可采资源量的认识差别很大,原地资源量从少于 1 000 Tcf 到 300 000 Tcf,相差 300 倍;可采资源量从 25 Tcf 到 285 Tcf 不等。这说明工业界对泥盆系页岩储层和生产特性了解较少。

1968 年,美国国内天然气储量开始下降,美国矿务局(United States Bureau of Mines,USBM)开始调查确定有哪些技术方法可以用于开采非常规天然气资源。美国矿务局之后并入能源研究与发展署。

东部含气页岩工程于 1976 年在摩根敦能源研究中心(METC)正式启动,之后,METC 并入了新成立的美国能源部(DOE)。美国东部含气页岩工程(EGSP)的资金

① 1 平方英里 = 2.590 平方千米。
② 1 英尺(ft)= 0.304 8 米(m)。

投入持续到 1992 年。

东部含气页岩工程 16 年的总预算略高于 9 200 万美元,1979 年的预算最多,为 1 800 万美元。第一个 5 年(1976—1981 年)的主要研究内容为东部页岩的地质、地球化学、地球物理和储层特征的描述,并指导与油气生产商成本共担的储层改造(水力压裂、化学爆炸压裂、定向钻井)试验。这项研究共获取了近 38 000 英尺岩心、出版了 300 多项相关研究技术成果。

1980 年代开始,研究重点转为储层性能的细节研究和裂缝性页岩储层数值模拟。

1982—1983 年,在俄亥俄州进行了相邻井试验。这个试验由小间距的三口井组成( <150 ft)并实施了一系列复杂的生产试验,包括压力脉冲干扰试验,来改变页岩基质和裂缝流体流动性状等。在这项工作基础上(也包括之前获得的各项特征描述数据),开发了一个裂缝性页岩储层模拟器(SUGAR－MD),来定量模拟各项参数的相互作用。

在东部含气页岩工程的后期,研究主要集中在验证定量模拟的可信性。验证工作主要集中在 10 口单井以及其中一口井开展的邻井多井试验装置。

另一个原创性进展是在页岩中钻探横穿裂缝的定向控制水平井,来证明水平井流量是标准直井的 6~8 倍。第一口中等延伸程度的水平井于 1986 年 10 月完钻,水平段长度 2 000 ft,初始流量达到邻近直井平均产量的 10 倍。

在东部含气页岩工程实施期间,组织单位与大学和私人研发机构签订了多个研究合同,重点研究吸附与解析、数据库开发、储层性能预测等。

在 1976 年东部含气页岩启动时,泥盆系页岩气年产量 65 Bcf,几乎全部产于阿帕拉切亚盆地。到 1992 年东部含气页岩工程结束时,泥盆系页岩气产量达到每年 200 Bcf,产量来自阿帕拉切亚盆地、Michigan 盆地(Antrim 页岩)、Fort Worth 盆地(Barnnet 页岩)以及其他含页岩盆地。

在国会 1980 年通过的《能源意外获利法》第 29 节(对非常规天然气给予税收优惠)的鼓励下,Antrim 页岩的页岩气钻井自 1978 年到 1992 年达到了 10 700 口,高峰期 1992 单年达到 1 709 口。

1992 年之后,页岩气产量持续增加,2004 年,阿帕拉切亚盆地页岩气产量达到

137 Bcf,Antrim 页岩气产量达到 149 Bcf,Barnnet 页岩气产量达到 379 Bcf,新起步的 Williston 盆地 Niobrara 页岩、San Juan 盆地的 Lewis 页岩的页岩气也达到了 23 Bcf,全国产量达到了 689 Bcf,是东部含气页岩工程起步时的 10 倍。美国能源部在含气页岩研发项目方面的帮助极大地增加了天然气供应。

## 2.2　　其他国家页岩气进展

### 2.2.1　　加拿大

#### 1. 资源潜力及勘探开发进展

加拿大页岩气勘探开发起步于西海岸,不列颠哥伦比亚省(B.C. 省)有 4 个页岩气聚集区。B.C. 省北部的何恩河盆地的页岩气资源估计有 448 ~ 500 Tcf,且加拿大国家能源署( The National Energy Board , NEB)估计其采收率为 20%;蒙特尼的页岩气及致密气是 B.C. 省的另一个潜在天然气源岩,但对其中的页岩气资源潜力的估计差异较大,80 ~ 700 Tcf 不等,且采收率也无法估计;西部利雅得盆地也有页岩气资源,但调查程度低;东部科德瓦湾地区的页岩气地质资源在 200 Tcf 左右,可能是高值。

加拿大常规天然气产量在下降,由于新的天然气井无法弥补老井产量的下降,这种下降趋势将长期持续。据加拿大国家能源署预测,常规天然气将从 2011 年的每天 5.9 Bcf,下降到 2035 年的每天 2.5 Bcf。为应对这种下降,天然气工业界将勘探重点转移到了页岩气等非常规天然气领域。因此页岩气将对减缓天然气产量的下降起到很大作用( Kralovic, 2011 )。据 NEB 估计,加拿大的可开发页岩气资源为 98 Tcf,其中的 92% 位于 B.C. 省东北部的蒙特尼和何恩河盆地,另外,Montney 页岩在西加拿大盆地、魁北克的下圣劳伦斯河盆地( 包括 Utica 页岩 )、新 Brunswick 和 Nova Scotia 均有展布,页岩气潜力也较大。据预测,加拿大页岩气原地资源量约为 1 111 Tcf。据 B.C. 省油气委员会估计,B.C. 省页岩气资源潜力有 250 Tcf。由于加拿大页岩气还处于初始评价阶段,不确定性较高。

虽然在魁北克(Quebec)和新不伦瑞克省(New Brunswick)有一些页岩气探井,但商业突破主要在 B.C. 省。据 NEB 估计,加拿大页岩气产量将从 2011 年的 0.47 Bcf/d(年产量约 $50 \times 10^8$ m³),达到 2035 年的 4.03 Bcf/d(年产量 $416 \times 10^8$ m³),年增长率在 9% 左右,2035 年的页岩气产量占天然气产量的 24%。

### 2. 页岩气开发的环境挑战

加拿大页岩气的规模化开发会产生大量用水和二氧化碳排放等问题。但与常规油气勘探开发带来的环境问题相比,环境问题并没有明显加剧,而且由于采用先进的井工厂作业,土地利用得到了节约。加拿大环境部(Environment Canada, EC)提议在将来的页岩气工作中要进行页岩气开发风险评估,包括用水量、地表和地下水污染,以及页岩气设施的温室气体排放和空气污染等(Environment Canada, 2011)。为解决以上议题,加拿大环境部和加拿大自然资源部(Natural Resources Canada, NRC)对页岩气管理框架进行评估,特别是废水的储存和处置方面。在省层面,魁北克省决定在评估结果出来前暂停水力压裂,其他几个省则在加强水力压裂审查。

天然气公司已经认识到可以通过几种途径管理压裂液和水的使用。2011 年 9 月,加拿大石油生产商协会(Canadian Association of Petroleum Producers, CAPP)出台了"水力压裂指导原则(Guiding Principles for Hydraulic Fracturing, GPHF)",规定其成员要建立起健全的井筒资料,在可能的情况下使用清水的替代品,资源报告水信息,披露压裂液信息,发展技术并加强合作。2012 年 1 月,加拿大石油生产商协会宣布新的加拿大水力压裂操作实践,以改进在页岩气和致密气生产过程中的水管理及流体报告(Ewart, 2012)。

### 3. 页岩气出口的机会成本

B.C. 省页岩气资源潜力巨大,而美国页岩气产量在不断增加,这促使在 B.C. 省拥有大量页岩气资源的公司将注意力转向亚太液态天然气(Liquefied Natural Gas, LNG)市场(日本、韩国、中国及中国台湾),这需要船运。亚太 LNG 价格为当地石油价格的 90%,目前日本 LNG 价格为每千立方英尺 15.45 美元,而在西加拿大为每千立方英尺 3.38 美元。将页岩气管输至港口价格为每千立方英尺 0.7 美元,转化为 LNG 需要 3.0 美元,船运到亚太需要 0.85 美元左右。其利润很有诱惑力。2011 年,加拿大能源局(National Energy

Board，NEB）批准了 B. C. 两个 LNG 出口项目（Kitimat LNG 和 BC Export Coop LNG），并且向港口天然气液化厂的年输气 5.60 亿立方英尺的输气管线设施也开始建设。

### 2.2.2 其他国家

#### 1. 欧洲

欧洲不同国家对发展页岩气的政策差异较大，页岩气勘探主要集中在波兰、德国、奥地利、匈牙利等几个国家。研究认为，即便欧洲页岩气的勘探和开采成本比美国高出 50%，天然气价格也将低于俄罗斯天然气价格。页岩气的开发将提高欧洲能源安全，降低天然气价格，减少二氧化碳排放。没有人否认页岩气产业的发展会给生产国带来经济利益。

波兰目前已钻 11 口页岩气探井，实现了商业化开采，并逐步实现燃气自给，到 2035 年彻底摆脱对俄罗斯天然气的依赖。埃克森美孚、康菲、雪佛龙都已取得在波兰的勘探许可。小的企业动作更快，美国美利肯化工集团两年前就开始了在欧洲探寻非常规能源的工作。欧洲其他国家页岩气勘探的进展较慢。

#### 2. 印度、澳大利亚

印度石油天然气公司在位于西孟加拉邦东部的一口探井，在埋深 1 700 m 左右的页岩中发现了页岩气，该区页岩气的分布范围超过 12 000 km$^2$。

澳大利亚页岩气技术可采资源量约 $11 \times 10^{12}$ m$^3$，主要分布在中南部、西部和东部的 Cooper，Perth，Amadeus，Georgina 和 Canning 等盆地，其中在 Perth，Cooper，Canning 盆地页岩气的勘探开发已经取得了一定的进展。

#### 3. 南美、非洲

南美洲的阿根廷和哥伦比亚等国在积极开展页岩气勘探开发。2010 年 12 月，阿根廷在 Neuquen 地区页岩气勘探获得重大进展，该区页岩气可采资源量约为 $7 \times 10^{12}$ m$^3$（图 2-2）。

南非已经在 Karoo 盆地开展了页岩气勘探开发工作。该地区二叠系的 Whitehill 地层是页岩气有利目标层，目前 Shell 公司正在该区进行页岩气勘探开发。

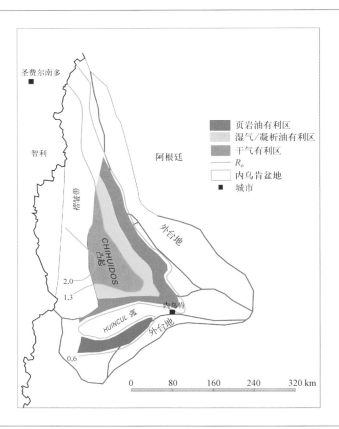

图2-2 阿根廷Neuquen 盆地页岩油气有利区分布（据美国能源信息署修改）

## 2.3 我国页岩油气资源潜力调查评价及勘探开发进展

### 2.3.1 我国页岩油气资源潜力调查评价

为了摸清我国页岩气资源潜力,优选出有利目标区,推动我国页岩气勘探开发,增强页岩气资源可持续供应能力,满足我国不断增长的能源需求,促进能源结构优化,实现经济社会又好又快发展,同时也为了更好地规划、管理、保护和合理利用页岩气资源,为国家编制经济社会发展规划和能源中长期发展规划提供科学依据,在国土资源部组织领导下,油气资源战略研究中心组织开展了全国页岩气资源潜力调查评价及有利区优选工作。

1. 综合分析、前景研究

2004 年开始,国土资源部油气资源战略研究中心李玉喜博士与中国地质大学(北京)张金川博士合作,开始系统跟踪美国页岩气发展动态,2005 年在全国油气资源战略选区调查与评价国家专项综合研究项目中,设立了《我国未来油气资源新区新领域研究》课题,将页岩油气等非常规油气纳入研究范围,课题在 2006—2008 年实施,课题由国土资源部油气资源战略研究中心承担,编者为主要负责人〔李玉喜为课题负责人,中国地质大学(北京)为课题主要参加单位,张金川教授代表中国地质大学(北京)承担了相应的研究工作〕。2006 年,课题在页岩气方面重点研究了我国海相页岩发育特征,分析页岩气聚集地质条件;2007 年,课题重点研究我国海陆过渡相和陆相页岩发育特征及其页岩气聚集地质条件;2008 年,开展中美页岩气发育地质条件对比,在上扬子地区优选出了页岩气富集远景区。其后在全国油气资源战略调查评价与选区研究(二期)成果设立了"中国重点地区页岩气资源潜力及有利区带优选"项目。

2. 重点地区调查评价、总结经验

2009 年,启动并实施"中国重点地区页岩气资源潜力及有利区带优选"项目,项目由国土资源部油气资源战略研究中心承担,张大伟为项目主管,李玉喜为项目负责人,中国地质大学(北京)张金川、中国石油天然气股份有限公司(下称中石油)勘探开发研究院的董大忠参与,分别承担南方海相页岩气前景和四川盆地页岩气前景研究两个子项目,共同开展该项目的研究工作。这是由国家出资对页岩气开展调查评价的第一个项目,标志着我国是继美国和加拿大之后,第三个正式开始这一新型油气资源调查评价的国家。

该项目 2009 年经费为 200 万元,具体研究任务为有 4 个:一是完成对南方十余个省份的实地考察;二是选出有利区域;三是各实施一口地质调查浅井,获取主要目标层页岩岩心,并对岩心进行解析,力争获得页岩气气样;四是完成年度研究报告。其中,对实施地质调查井的工作在认识上存在分歧,资金保障上也有难度。在这方面,中国石油化工股份有限公司(下称中石化)咨询中心专家张抗给予了项目组大力支持,他认为,搞油气资源调查就要"真刀真枪"地干,实施页岩气调查井十分必要,在资金保障方面,石油公司可以配套工作量解决,大学没有配套工作量能力,油气中心要给予适当支持。项目的野外地质调查很快在我国南方展开,研究人员分批南下,经过勘测调查和反复研究,跑遍滇、黔、桂、湘、鄂、川、渝、陕8省区,最终将优势区域锁定在四川盆地周缘,其中两口地质调查井的重点部署地区分别确定在四川盆地北部和渝东南地区。

重点调查区和调查井的部署目标区确定后,张大伟副主任于2009年7月28日在綦江举行了"中国重点地区页岩气资源潜力及有利区优选项目"的启动仪式。仪式结束后,张金川便带着中国地质大学的学生,与油气中心的李玉喜、姜文利一同钻进了渝东南地区层峦叠嶂的大山里开始了页岩气资源的野外调查工作。

对渝东南地区,首先确定了一条以綦江为起点,经万盛、南川、武隆、彭水、黔江、酉阳、秀山的地质调查路线。经过几次野外地质调查,最终将调查井井位确定在了渝东南彭水县七曜山东部莲湖乡附近。调查的目标层系为下古生界志留系龙马溪组(含奥陶系五峰组),井名确定为渝页1井。这口井为我国财政出资的第一口页岩气调查井。

该井于2009年10月中旬开始进场,10月下旬开始钻进,12月完成,井深325 m,其中100~325 m为富有机质页岩层段,没有打穿富有机质页岩目标层段。2009年11月初,钻井进入目标层段。

中石油研究院廊坊分院对井深100~220 m的12块岩心进行了解析,获得了页岩气气样。结果证明,我国页岩龙马溪组中,埋深较浅的部位就有页岩气,随着埋深的增加,含气量会明显增加。

2010年,在中美页岩气合作备忘录的正面影响下,项目的经费大幅度增加,达到了3 300万元。经费的增加为扩大研究范围、提高研究深度提供了保障。为探索页岩气资源调查评价及有利区优选经验,形成页岩气资源调查评价及有利区优选工作程序,建立页岩气资源评价方法,对比盆地内外页岩气富集特征,在2010年的研究中,设置了"'川渝黔鄂'页岩气调查评价先导实验区"研究内容,重点在四川盆地东部、南部、渝东及湘鄂西,以及黔北地区开展页岩气重点调查。"川渝黔鄂"页岩气调查评价先导实验区包括5个子项目,川南-川东子项目包括了长宁区块,由中石油研究院承担;川东南-渝东鄂西子项目包括涪陵、焦石坝、贵州习水仁怀区块,由中石化研究院承担;黔北-黔东北地区由国土部油气中心承担(2011 年转由成都地质矿产研究所承担),渝东南地区由中国地质大学(北京)承担,渝东北区域是由重庆地质矿产研究院承担(图2-3)。在这些子项目中,国土资源部布局实施了我国第一批页岩气资源调查评价井,包括岑页1井、渝科1井、酉科1井等,进一步搜集我国页岩气资源的基础地质证据。

图2-3 "川渝黔鄂"页岩气资源调查评价先导试验区分布

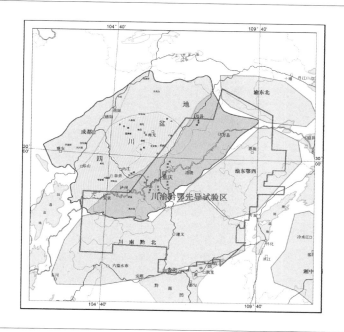

项目同时在苏浙皖地区和北方部分地区开展页岩气资源前期调查研究,初步掌握了我国部分地区富有机质页岩分布,确定了主力含气层系,初步形成了页岩气资源潜力评价方法和有利区优选标准框架,优选出一批页岩气富集远景区,为在全国开展页岩气资源潜力调查评价及有利区优选工作奠定了扎实的基础。

3. 全国页岩气资源潜力调查评价及有利区优选

2011 年,设置了"全国页岩气资源潜力调查评价及有利区优选"项目。为了尽快掌握我国页岩气资源的初步情况,2011 年重点组织开展了我国页岩气资源富集特点研究,将我国陆域划分为上扬子及滇黔桂、中下扬子及东南、华北及东北、西北、青藏 5 大区,进行全国页岩气资源潜力调查评价及有利区优选(图2-4)。

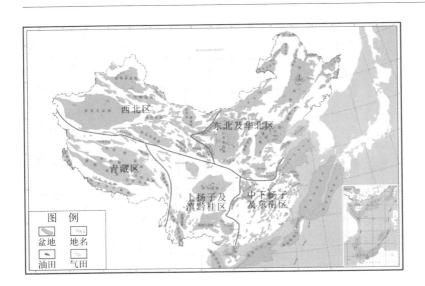

图 2 - 4 全国页岩气
资源潜力调查评价工
作区分布示意

全国页岩气资源潜力调查评价及有利区优选工作由国土资源部油气资源战略研究中心具体组织实施,全国油气资源战略选区项目专家负责技术指导和把关。2011年,中央财政投入 5 800 万元进行该项工作。总项目由国土资源部油气资源战略研究中心承担,下设 11 个子项目和 3 个综合研究课题。采取公开竞争方式,择优选择项目承担单位。其中,子项目分别由中国地质大学(北京)、中国石油天然气股份有限公司勘探开发研究院、中国石油化工股份有限公司石油勘探开发研究院、中国地质调查局成都地质矿产研究所、重庆地质矿产研究院、中国石油化工股份有限公司勘探南方分公司、中国石油大学(北京)等单位承担。共有 27 个单位的 420 余人参加了本项工作(表 2 - 1)。

项目经过一年的紧张工作,共查阅国内外文献资料和分析化验原始数据 12 385份,完成调查观测露头点 1 119 个,实测目的地层剖面 90 675 m,样品采集 9 777 块,二维地震处理解释 9 582 km,三维地震处理解释 200 km²,电法勘查 205 km,老井复查2 506 口,岩心观察 245 口,测井资料处理解释 2 567 口,分析测试 24 458 项次,实施页岩气调查井 8 口,页岩气现场解吸 150 个,槽探施工 1 150 m³,遥感地质解释 50 × 10⁴ km²,图件编制 2 253 幅。

表2-1 全国页岩气资源潜力调查评价及有利区优选项目基本情况

| 序号 | 子 项 目 | | 承 担 单 位 | 参 加 单 位 |
|---|---|---|---|---|
| 1 | 川渝黔鄂页岩气先导试验区 | 川南和川东区 | | 中石油勘探开发研究院 |
| 2 | | 川东南及渝东鄂西区 | | 中石化勘探开发研究院 |
| 3 | | 黔北区 | | 油气资源战略研究中心(2010)、成都地质矿产研究所(2011—2013) |
| 4 | | 渝东南区 | | 中国地质大学(北京) |
| 5 | | 渝东北区 | | 重庆地质矿产研究院 |
| 6 | 五大评价区 | 上扬子及滇黔桂区 | 中石化勘探南方 | 浙江大学/成都理工大学/四川煤研院 |
| 7 | | 西北区 | 中国石油大学(北京) | 中石化勘探开发研究院/中国石油大学(北京) |
| 8 | | 中下扬子及东南区 | 油气资源战略研究中心 | 中国地质大学(北京)/中石化华东分公司/江苏油田/江汉油田/中国石油大学(北京)/成都理工大学/长江大学/浙江大学/江西省地矿局 |
| 9 | | 华北及东北区 | 油气资源战略研究中心 | 中石化东北分公司/东北石油大学/大庆地球物理勘探公司/中石化石油勘探开发研究院/中石油辽河油田研究院/中国地质大学(北京)/成都理工大学/中石化河南油田 |
| 10 | | 青藏区 | | 成都地质矿产研究所 |
| 11 | 方法标准 | 技术方法标准研究 | 油气资源战略研究中心 | 中国油东方物探司/江苏有色金属华东地质勘查局814队/中国地质大学(北京)/中国石油长城钻探 |
| 12 | 对比 | 国内外对比研究 | | 中国地质大学(北京) |
| 13 | 综合 | 综合研究与数据库 | | 中国地质大学(北京) |

资源潜力评价及有利区优选的主要层系为前震旦系、震旦系、下古生界寒武系、奥陶系、志留系,上古生界泥盆系、石炭系、二叠系,中生界三叠系、侏罗系和白垩系,新生界古近系,共10个地层层系。

资源潜力评价及有利区优选的深度范围为500~4 500 m,具体划分为三个深度段:500~1 500 m、1 500~3 000 m、3 000~4 500 m。

资源潜力评价及有利区优选的地表条件包括平原、丘陵、黄土塬、高山、中山、低山、沙漠、戈壁等。资源潜力评价及有利区优选结果,按沉积相划分为海相、海陆过渡相、陆相三类。

在以上工作基础上,通过系统分析,在全国共优选出页岩区有利区180个,累计面积约$110 \times 10^4$ km²,按照页岩气显示情况对有利区进行了分类。Ⅰ类有利区11个,Ⅱ

类有利区 89 个,Ⅲ 类有利区 80 个。

通过对有利区内页岩气地质资源潜力和可采资源潜力的评价和概率求和,得到全国页岩气地质资源潜力和可采资源潜力分别为 $134.42 \times 10^{12}$ m$^3$、$25.08 \times 10^{12}$ m$^3$(不含青藏区);评价和优选结果表明,我国页岩气资源潜力大,分布面积广、发育层。

2012—2013 年,在全国页岩气资源潜力评价基础上,进一步加大研究力度,重点加强含气页岩层段的进一步识别划分,加强页岩气现场解析和含气性分析、加强储集能力研究,深化有利区优选和有利区资源潜力评价,全面开展页岩油有利区优选和有利区资源评价,继续开展招标区块优选和管理数据库建设。

2012—2013 年,项目查阅国内外文献资料和分析化验原始数据 13 201 份,野外实测剖面 665 条,样品采集 20 090 块,二维地震处理解释 4 326.626 km,二维电法勘探 219.8 km,三维高精度重力勘探 100 km$^2$,三维高精度磁力勘探 100 km$^2$,二维和三维正演数值模拟各 5 个,老井复查 2 864 口,实验分析测试 67 633 项次,实施页岩气地质调查井 6 口,配套井 8 口,煤田钻孔 3 口,页岩岩心现场解析 355 块,实验分析测试 67 581 项次,槽探施工 2 123.85 m$^3$,开展微生物勘查 155 组,图件编制 3 888 幅。

2012—2013 年共优选出有利区 233 个,累计面积 $8.77 \times 10^5$ km$^2$,有利区页岩气地质资源潜力在 25%~75% 下为 $147.95 \times 10^{12}$~$100.38 \times 10^{12}$ m$^3$,中值 $123.01 \times 10^{12}$ m$^3$,可采资源潜力在 25%~75% 下为 $26.31 \times 10^{12}$~$17.83 \times 10^{12}$ m$^3$,中值 $21.84 \times 10^{12}$ m$^3$(不含青藏区)。主要发育于震旦到古近系 12 个层系。在大区分布上,上扬子及滇黔桂区有利区 37 个,中下扬子及东南区 46 个,华北及东北区 95 个,西北区 55 个。

2012—2013 年共选出页岩油有利区 58 个,累计面积 $1.58 \times 10^5$ km$^2$,有利区页岩油地质资源潜力在 25%~75% 下为 $587.49 \times 10^8$~$274.11 \times 10^8$ t,中值 $397.46 \times 10^8$ t,可采资源潜力在 25%~75% 下为 $51.70 \times 10^8$~$24.12 \times 10^8$ t,中值 $34.98 \times 10^8$ t(不含青藏区)。主要分布在石炭系、二叠系、三叠系、侏罗系、白垩系、古近系 6 个层系。在大区分布上,中下扬子及东南区 12 个,华北及东北区 29 个,西北区 17 个。

从评价结果看,有利区内的页岩气、页岩油资源量可观。其中取得勘探开发成功的四川盆地及周缘地区下志留统龙马溪组(含五峰组),由于评价参数的丰富和精度的提高,页岩气资源潜力明显增加;而经过地质调查井进一步评价发现,下寒武统牛蹄塘组(筇竹寺组)页岩气资源在 1 500 m 以浅不发育,页岩气有利区面积减小,资源潜力减少。

我国富油气烃源岩层系多,分布广,形成条件多样,页岩油气资源潜力总体很大。每个层系的突破都需要大量的调查和勘探工作,获取系统的参数,指导勘探开发。工作量需求巨大,需要集中社会各方面的力量进行。只有这样,才能在较短的时间内实现我国页岩油气产量的快速增长,为保障我国油气供应安全做出贡献。

## 2.3.2　　　我国页岩气发展关键井

### 1. 第一口富有机质页岩取心井

页岩气第一口取心井为中石油在四川盆地东南部地区长宁构造实施的长芯 1 井,主要目的是获取下志留统龙马溪组泥(页)岩,厚度约 147 m。通过该井岩心分析,该套泥(页)岩组合以纹层状(页)岩、纹层状含灰质泥(页)岩、纹层状粉砂质泥(页)岩为主,见钙质结核及黄铁矿条带。龙马溪组底部 30 m 以富有机质的黑色纹层状泥(页)岩为主,其石英、长石和黄铁矿总量平均 51.9%,黏土矿物含量平均 24.7%,方解石和白云石含量平均 23.4%,与美国典型页岩储层有相似性。总有机碳含量底部为 3.9% ~ 6.7%,上部为 1.0% ~ 2.1%。龙马溪组页岩岩心平均孔隙度为 5.68%,平均渗透率为 $5.96 \times 10^{-3}$ $\mu m^2$[①],与孔隙度成明显正相关。扫描电镜下龙马溪组泥(页)岩微孔隙主要包括矿物晶间(溶)孔、晶间隙、晶内孔、有机质内微孔和微裂缝等。根据压汞分析,泥(页)岩孔喉中值半径最大为 33 nm,平均为 10 nm。研究表明,长芯 1 井龙马溪组海相页岩气储层微孔隙发育的受控因素有岩性、成岩演化程度和有机质发育特征等。富有机质泥(页)岩的物性好于粉砂质泥(页)岩和钙质泥(页)岩;成岩阶段晚期,矿物组合发生变化,蒙皂石向伊利石转变,形成新的微孔隙,增加了储层孔隙度;有机碳(TOC)含量是控制龙马溪组页岩气储层的主要内在因素,也是提供页岩气储存空间的重要物质(图 2-5)。

---

① 　1 $\mu m^2$ = $10^{-12}$ $m^2$。

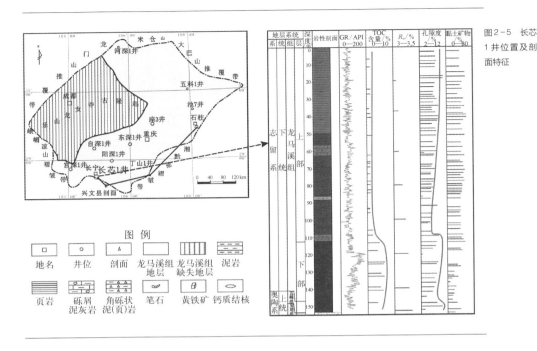

图2-5 长芯
1井位置及剖
面特征

### 2. 国家财政出资第一口页岩气调查井

2009 年 10 月,国土资源部"中国重点地区页岩气资源潜力及有利区带优选"项目在渝东南实施了渝页 1 井,该井位于重庆市彭水县莲湖乡,为页岩气取心井,该井钻揭下志留统龙马溪组黑色页岩层系地层厚度为 225.78 m(未穿)。实验分析结果表明:该井龙马溪组黑色页岩具有有利的页岩气成藏条件及典型的浅层页岩气特点,有机碳含量平均达到了 3.7%(图 2-6),有机质成熟度($R_o$)平均为 2.04%。黑色页岩中裂缝及微孔隙发育,储集空间包括了黏土矿物粒间微孔隙、页理间孔隙、溶蚀孔隙、成岩微裂缝及构造裂缝等。实验计算龙马溪组黑色页岩含气量介于 $1.0 \sim 3.0 \ m^3/t$(图 2-7)。

该井为我国首次在下古生界志留系龙马溪组黑色页岩中获得页岩气样品的调查井。证实了龙马溪组在埋深较浅时就含有较为客观的页岩气,反映出龙马溪组具有普遍含气性的特点,是我国上扬子页岩气勘探的主要层位之一。该井为开展上扬子龙马溪组页岩气资源潜力评价提供了大量参数;同时,以该井为基础,申报了页岩气新矿种

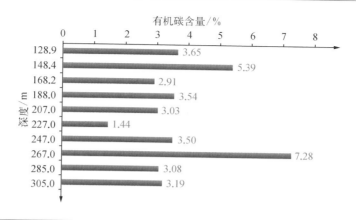

图2-6 渝页1井龙马溪组页岩有机碳含量分布

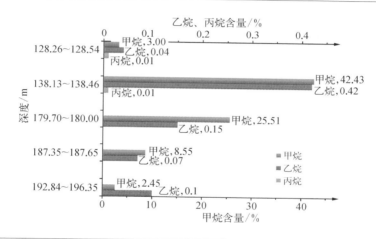

图2-7 渝页1井页岩气成分及变化规律

获得国务院批准,页岩气成为我国第172个矿种。

3. 第一口页岩气参数井

2009年底,中石油西南油气田公司蜀南气矿在威远构造上实施一口页岩气井威201井,完钻井深2 840 m,完钻层位下寒武统筇竹寺组。2010年7月,对威201井下寒武统筇竹寺组页岩进行加沙压裂。筇竹寺组页岩层测试产气$1.08 \times 10^4$ m³/d。用封隔器封闭该地层后,再对上覆地层下志留统龙马溪组页岩进行压裂,2010年11月9日开始产气并取得成功(图2-8)。所产页岩气直接供应最近的威远县城,每天产气超过$10^7$ m³,一年后产气量降至600 m³左右。

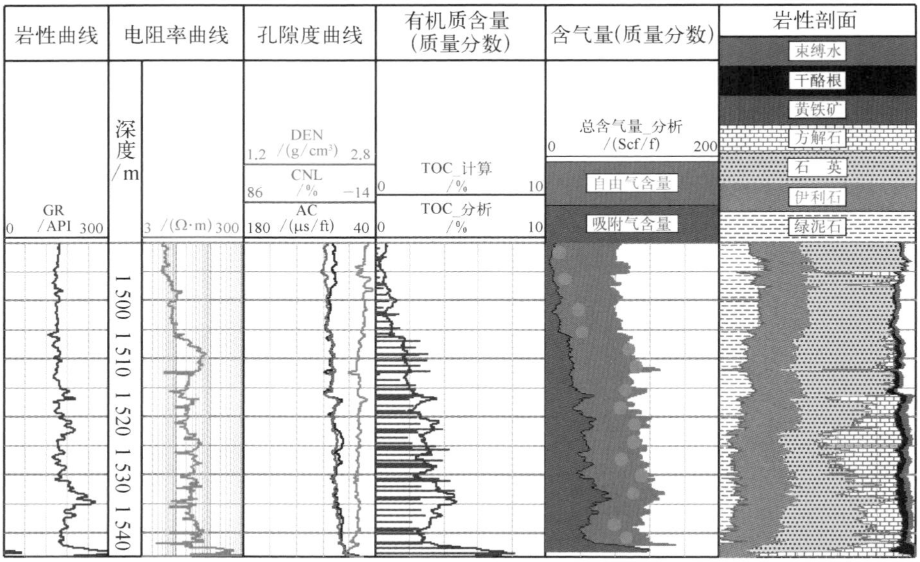

| 岩性曲线 | 电阻率曲线 | 孔隙度曲线 | 有机质含量<br>（质量分数） | 含气量（质量分数） | 岩性剖面 |
|---|---|---|---|---|---|

图2－8 威201井龙马溪组目标层综合解释成果（川南子项目资料）

威201井是中石油第一口页岩气参数井，标志着中石油页岩气的勘探正式起步。威201井证实蜀南地区筇竹寺组和龙马溪组（含五峰组）含气页岩气显示好，录井有气测异常显示，岩芯中裂缝发育、脆性矿物丰富、黏土矿物单一、岩石脆性特征明显，其地球化学指标与北美主要的页岩气盆地相当。

### 4. 含油气盆地外第一口页岩气参数井

中国第一口超千米页岩气参数井——岑页1井，由国土资源部油气资源战略研究中心组织实施的"全国页岩气资源潜力评价与有利区优选"国家页岩气专项，施工的第一口井深超千米战略调查井——岑页1井，于2011年4月13日在贵州省黔东南州岑巩县羊桥乡顺利开钻。该井为一口直井，设计垂深1 500 m。钻探目的是获取研究区内下寒武统富有机质页岩地层的矿物岩石、有机地球化学、地球物理和页岩含气性等系列参数，为开展页岩气资源潜力评价和有利区优选提供依据。岑页1井位于油气勘探久攻不克的上扬子板块东南斜坡区。该井获得良好的页岩气显示（图2－9），揭示了上扬子东南斜坡区页岩气较好的勘探

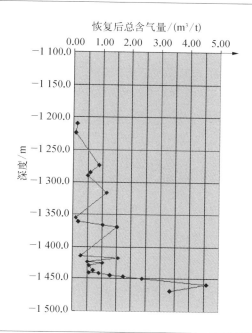

图2-9 岑页1井目
标层段含气量解析
成果

前景(图2-10)。

5. 第一口页岩气水平井

国内第一口页岩气水平井为中石油在威远地区实施的威201-H1井,该井于2011年初开始钻探,钻探的目标层段为下志留统龙马溪组(含五峰组),于2011年4月中旬完钻,井深2 823 m,水平段1 079 m。该井于2011年7月初进行了大型加沙水力压裂,注入压裂液超过$2.35 \times 10^4$ m³,支撑剂900多吨,排量在15~17 m³/min,测试产量在$0.76 \times 10^4 ~ 1.86 \times 10^4$ m³/d。9月初开始试采,每天生产天然气$1.2 \times 10^4 ~ 1.3 \times 10^4$ m³,所产页岩气直接输送到威远县城。

6. 第一口具有页岩气商业价值的直井

宁201井为长宁地区第一口页岩气工业气流井,该井的目标层为下古生界奥陶系五峰组-志留系龙马溪组,2010年8月17日完钻,井深2 560 m,揭示龙马溪组页岩厚度125 m,其中下层的2 479~2 525 m井段为优质页岩储层,厚度为46 m。2010年11月19日—12月11日,对龙马溪组2 479~2 525 m优质页岩段实施压裂试气,共试气

图 2 - 10 岑
页 1 井牛蹄塘
组测井综合解
释成果

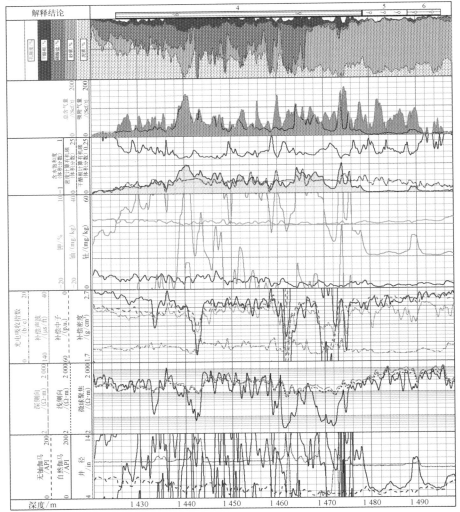

22 天,平均日产量 $1.1 \times 10^4$ m³;2011 年 1 月 27 日—2 月 21 日对龙马溪组 2 400 ~ 2 479 m 页岩段进行压裂试气,试气 25 天,日产量 $0.75 \times 10^4$ m³。从两段页岩气的产量看,下部的五峰—龙马溪组第一、第二小层页岩气产量明显高于龙马溪组下段上部,是页岩气的主力产层,是页岩气开发的主要目标层,这与区域研究结果一致。

### 7. 第一口具有页岩气商业价值的水平井

位于长宁向斜的宁 201 - H1 井于 2011 年 6 月 17 日开钻,12 月 20 日完钻,完钻井深 3 790 m,实钻水平井段长度 1 045 m。对该井的 2 745 ~ 3 753 m 井段分 10 段进行压裂,压裂后连续排液 65 天,累排 3 350.6 m³,占应排量的 15.13%,以 $13 \times 10^4$ m³/d 稳定试采,累计放空气量 $791.6 \times 10^4$ m³,关井时井口压力由 24.73 MPa 上升到 40.75 MPa。经井中微地震监测解释,压裂裂缝波及范围为:东西向约 1 050 m,南北向约 1 370 m,改造的总体积约为 $8 000 \times 10^4$ m³,水平井段的井眼轨迹方位与天然裂缝方向斜交,通过压裂参数的实时控制,使得裂缝高度基本控制在高伽马井段范围内。

该井钻进过程中的井下复杂情况较多,包括二叠系碳酸盐岩地层漏失,水平段垮塌卡钻等复杂情况,使钻完井周期较长,全井纯钻时间仅为 26%。

### 8. 焦石坝页岩气勘探突破井

焦页 1 井为我国第一个取得页岩气勘探突破、提交储量的首探井。该井位于重庆市涪陵区焦石镇,是中石化勘探南方分公司部署在涪陵区焦石坝构造的第一口页岩气参数井,该井于 2011 年 9 月开钻,2012 年 9 月完钻,完钻井深 3 692 m(垂深 2 450 m),水平段长 1 007.9 m。之后分 15 段压裂,总液量 19 972.3 m³,总砂量 968.82 m³。2012 年 11 月 28 日采用 14 mm 油嘴、32 mm 孔板放喷求产,油压 6.8 MPa,日产气 $20.3 \times 10^4$ m³,压力系数 1.55。之后实施的焦页 2HF、焦页 3HF、焦页 4HF 日产气分别为 $35 \times 10^4$ m³、$15 \times 10^4$ m³、$25 \times 10^4$ m³。以上四水平井为焦石坝区块取得勘探突破的 4 口井。探明面积 260 km²,勘探直接投入在 5 亿元人民币左右。

2014 年 6 月,在焦页 1HF 井~焦页 3 井井区面积 106 km² 的范围内,提交了页岩气探明地质储量 $1 067 \times 10^8$ m³,通过储量评审认定,每平方千米探明页岩气地质储量 $10 \times 10^8$ m³。

### 9. 陆相第一口页岩气工业气流井

中石化在建南地区部署的建 111 井的主探目标层为须家河组致密砂岩,兼探下侏罗统东岳庙页岩段。该井在须家河致密砂岩和东岳庙页岩段均取得试气成功,证实了建南地区上三叠统—侏罗系致密砂岩气、页岩气具有较好的勘探潜力。其中下侏罗统自流井组东岳庙页岩段压裂后在 2010 年 12 月 2 日点火成功,测试日产天然气 3 000 m³,获得工业气流。

延长油矿在鄂尔多斯盆地甘泉县下寺湾采油厂实施柳评 177 井是一口以中生界延长组长 7 段陆相页岩和其上下部砂岩段为主要勘探目标的一口页岩气和石油的兼探井,该井 2010 年 7 月 22 日完钻,在长 7 段的页岩气层油气显示良好。该井于 2011 年 4 月 24 日,对长 7 段进行了小型测试压裂试验,4 月 25 日开始产气。5 月 13 日试气点火后,火焰高度达到 5 ~ 6 m。

建 111 井和柳评 177 井等陆相页岩气、页岩油井的成功具有十分重要的意义,标志着中国在 20 世纪 50 年代打开陆相油气禁区之后,又在 21 世纪打开了陆相页岩油气这一新领域。

10. 海陆过渡相第一口页岩气探井

湘页 1 井是中国石化在湘中涟源凹陷实施的一口页岩气探井。涟源凹陷发育有中泥盆统棋梓桥组与上泥盆统佘田桥组、下石炭统大塘阶测水段和上二叠统龙潭组、大隆组多套页岩气目标层。该井于 5 月 18 日开钻,10 月 8 日完钻,完钻井深 2 067.85 m。

12 月 14 日对大隆组 600 ~ 620 m 目标层进行压裂改造,累计加砂 82 m³,累计进液 1 631.5 m³,顺利完成对目的段压裂。12 月 19 日,湘页 1 井经压裂后用 10 mm 油嘴控制放喷,排液 26.38 m³,累计排液 430.7 m³,返排率 26.8%,pH 值为 7.0,于 13:20 点火,火焰连续,测试初始产气量为 2 700 m³/d。取得湘中地区海陆过渡相页岩气的勘探突破。

## 2.4　从页岩油气成功开发看油气资源的变化性

回顾页岩油气工作以及油气勘探开发历史,可以看出,油气资源是随着勘探开发发展在不断变化的,随着需求量的不断增长,为满足需求,油气资源勘探开发领域不断扩大、资源类型不断增多、资源总量不断增加。全球油气可贸易量总体供略大于求。

## 2.4.1　　　　油气资源的两个基本属性

油气资源是不可再生的自然资源。联合国环境规划署(United Nations Environment Programme, UNEP)将自然资源定义为"所谓自然资源,是指在一定时间、地点的条件下能够产生经济价值的、提高人类当前和将来福利的自然环境因素和条件的总称"。自然资源必须具备两个属性:一是可以被人类所利用,二是能够产生经济价值,不具有这两个特点就不能称为自然资源。

石油天然气资源(简称油气资源)的定义可以概括为"自然界经过长期演化在地下或地表形成的、在目前或将来能够采出利用产生经济价值的石油和天然气总和"。油气资源也必须具备可以被人类所利用,且能够产生经济价值两个属性,否则不能称为油气资源。

## 2.4.2　　　　油气资源的变化性

油气资源与其他自然资源一样,只有同时具备可用性和经济性才能成为现实可开发资源。油气资源作为重要的能源和基础原料,其能否成为现实可开发资源,主要决定于其开发的经济性。

从油气资源的两个属性和现代石油工业150余年的发展历史看,油气资源的内涵和外延是不断变化的。现代石油工业勘查开采技术发展迅速,勘查开采领域不断扩大,深度上从几十米扩展到近万米,范围上从陆地扩展到浅海、深海,油气资源勘探开发范围大幅度增加;勘探目标由最初背斜圈闭为主逐步发展到岩性地层圈闭等复杂圈闭类型;油气资源的类型也从常规中轻质油扩展到重油、油砂等,从常规气扩展到致密储层气、煤层气、页岩气等,油气资源类型在不断增加。油气的大规模开发,不但为现代工业提供了能源和原料,还创造了大量财富。

### 1. 理论进步增加了油气资源内涵

我国陆相生油理论增加了找油盆地。从 1878 年中国近代石油工业开始,到 1950 年代初的 70 多年中,海相生油理论指导油气勘探。我国学者在石油地质调查过程中发现了大量陆相生油的迹象和事实,逐步认识到我国西部的一些石油产自陆相地层,形成了陆相生油的基本观点。1950 年代末以来,陆相生油理论逐渐走向成熟,并成功地指导了大庆油田的发现,证实了陆相盆地也拥有丰富的油气资源。

成藏理论发展增加了非常规油气资源类型。1980 年代以前,背斜成藏理论一直占据油气成藏理论的统治地位,并指导油气勘探。在渤海湾盆地的勘探过程中,形成了复式油气成藏理论,但总体上还是正向构造为勘探的主要目标。

1980 年代以来,随着勘探实践的深入,在凹陷区、斜坡区不断有油气藏发现,岩性、地层成藏理论得到不断发展,油气勘探开始主动关注岩性、地层等隐蔽油气藏的勘探,勘探领域和目标从正向构造单元开始向盆地的凹陷区、斜坡区拓展,勘探领域进一步扩大。

21 世纪以来,随着常规石油天然气、致密油气、煤层气、页岩油气等多种油气资源成藏规律研究的深入,各种油气资源间成因联系认识的提高,油气资源成藏序列研究逐步展开,对盆地油气资源潜力认识进一步加深,盆地多种油气资源整体勘探设想开始出现。

### 2. 技术进步扩大了油气资源开发领域

地震技术进步提高了勘探成功率、拓展了勘探领域。直到 1970 年代末,地震勘探的主要任务是构造勘探,在这个时期,主要采取解放波形,突出标准波等方法,提高反射波对比的可信度,正确构制剖面图。勘探范围主要为盆地内的背斜等正向构造发育区。

进入 1980 年代,地震勘探不仅要解决构造问题,还需要查明复杂隐蔽的非背斜圈闭、地层岩性和薄层油气藏,进而对储层进行横向预测与油藏描述,三维地震、高分辨地震技术在油气勘探中得到快速发展和应用。地震分辨率的不断提高,使复杂油气聚集区、地层岩性油气聚集区得以正确解译,勘探领域得到实质性拓展。

钻井、录井和测井技术发展不断打开勘探禁区。1957 年前的钻机能力为 2 000 m,1957 年后达到 3 200 m,1980 年代以来,4 000 m 以上的深井钻井工作量大幅度增加。同时海洋钻井技术和装备也不断进步。

进入 1990 年代,钻井深度不断增加,钻井技术逐步细化为水平井、多分支水平井、大位移井、深井、超深井、小井眼、连续油管钻井和欠平衡钻井技术等。钻井技术快速发展,大大拓展了勘探空间;钻井中储层保护技术的进步,使特低渗透和超低渗透油藏勘探取得成功,烃源岩层系内的煤层气、页岩气、页岩油开发取得成功。

录井技术经过几十年的发展,从单一的岩屑、岩心、气测录井转向综合录井,测井和分析测试技术也在不断发展完善,新的分析测试技术在石油地质研究及勘探活动中取得了很大进步。录井、测井技术的发展,使大量过去难以识别的储层被发现。

3. 价格的变化影响对油气经济可采资源潜力的短期判断

经济性始终是油气资源发展的原动力。原油价格升高,增加了开发石油资源的获利空间,使那些在低油价时难以获得利润的油气得到经济有效开发,可供开发油气资源增加也使资源评价结果增长。

同时,油气价格的走高,也使得油气企业有了放大油气勘探开发成本的冲动,油气勘探开发成本的放大,会在一定时期内导致油气勘探开发成本的提高,当油气价格下降时,因成本难以作出适应性下降,会导致大量资源的经济性下降,使可采资源潜力小于油气价格上涨前的评价结果。从这点看,油气价格上升之后的快速下降,会使企业对可采资源潜力的认识偏于悲观。因此,国家对油气资源的评价应当以 20 年左右的长期视角进行,避免短期的价格波动和技术限制所产生的悲观认识的影响。

油气资源开发到致密气、致密油,煤层气,页岩气、页岩油,理论认识的不断发展和技术的突破起到了降低勘探开发成本的关键作用,这也是使这部分潜在资源成为现实资源的关键所在。页岩气的成功开发主要依赖以水平井为核心的水平井布井和钻完井技术的突破,及以多段压裂为核心的储层改造技术的非快速发展。可以认为,理论和技术的进步扩大了油气资源的内涵和外延,油气资源潜力进一步增加。

## 2.5　　页岩油气的本质——烃源岩层系内聚集的油气

　　我国盆地众多,类型多样,各种油气资源丰富,特别是在低勘探程度盆地区,目前仍有潜在的油气资源有待研究和发现;在致密油气、页岩油气、煤层气等油气领域,目前仍然处于起步阶段,多种不同类型的油气资源有待评价和发现。

　　研究表明,一个盆地内可以发育多种油气资源,一个目标层系内也经常发育多种油气资源,同时,多种油气资源具有成因联系和共生特征,加强对同一盆地中多种油气资源的综合勘查,可以系统查明该盆地内的油气资源类型,并以最低的勘探成本获得最大程度的油气发现。

### 2.5.1　　油气资源分布特征

　　国内外已经开发的油气资源初步可归纳为石油和天然气,重、稠油,低渗油、气,煤层气,致密油、气,页岩油、气,生物气,油砂,油页岩,水溶气等。石油、天然气和低渗油气一般称为常规油气,其余一般称为非常规油气。为进一步分析各种油气资源间的相互关系,本书首先将盆地划分为源岩层系(区)、运移层系(区)、圈闭层系(区)、散失区,将以上各种油气资源按其在盆地内的分布层系(区)进行归类。从归类结果看,油气资源的空间分布的规律性很强。其中源岩层系(区)内主要有煤层气、页岩气、页岩油和油页岩,运移层系(区)内主要有致密油、致密气、水溶气和部分低渗油气,圈闭层系(区)内为常规油气和重稠油,散失区主要有油砂。

　　按热演化程度,在纵向上对各种油气资源形成的温度区间进行了划分,其中,油页岩主要分布于盆地热演化程度较低的层系和地区内,当热演化程度增加,其中的有机质将不断转化为石油和天然气,有机碳含量不断降低;生物气的形成温度一般不能超过100℃,否则微生物难以成活或活力下降。石油的形成有温度范围限制,$R_o$在0.5%~1.3%,天然气形成的温度范围较宽,$R_o$在2.0%以上还有天然气形成。

根据"新一轮全国油气资源评价结果",将天然气按每1 115 m³折合1 t油计算,我国常规石油可采资源量为$212 \times 10^8$ t、常规天然气可采资源量为$197 \times 10^8$ t,两者基本相当。如果考虑已经成功开发的煤层气和部分致密气,天然气的资源潜力就已经超过了石油。对比石油和天然气的形成条件和总体开发情况,天然气的资源前景要远优于石油(表2-2)。

表2-2 13种油气资源形成条件、分布规律、资源潜力和开发状况(李玉喜,2009,修改)

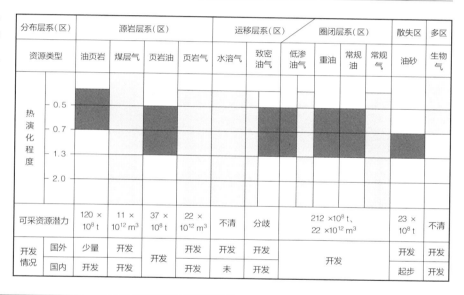

| 分布层系（区） | 源岩层系（区） | | | | 运移层系（区） | | 圈闭层系（区） | | | | 散失区 | 多区 |
|---|---|---|---|---|---|---|---|---|---|---|---|---|
| 资源类型 | 油页岩 | 煤层气 | 页岩油 | 页岩气 | 水溶气 | 致密油气 | 低渗油气 | 重油 | 常规油 | 常规气 | 油砂 | 生物气 |
| 热演化程度（0.5 / 0.7 / 1.3 / 2.0） | | | | | | | | | | | | |
| 可采资源潜力 | 120×10⁸ t | 11×10¹² m³ | 37×10⁸ t | 22×10¹² m³ | 不清 | 分歧 | 212 ×10⁸ t、22 ×10¹² m³ | | | | 23×10⁸ t | 不清 |
| 开发情况 国外 | 少量 | 开发 | 开发 | | 开发 | 开发 | 开发 | | | | 开发 | 开发 |
| 开发情况 国内 | 开发 | 开发 | | | 未 | 开发 | | | | | 起步 | 开发 |

## 2.5.2 近烃源岩层系油气资源

致密油气是一种储层致密、构造简单、分布广泛、储量巨大的天然气,为近烃源岩油气资源,一般分布于烃源岩层系之上或之下,与烃源岩层系有紧密共生关系。

在盆地中一般位于向斜和斜坡区,属于连续性或半连续性油气藏,资源丰度低,分布面积广,资源潜力大,具有现实的和潜在的经济价值,是目前主要勘探目标之一。致密油气藏储层孔渗性差,含气范围不受构造控制,主要受储层物性和岩性控制。有关专家对我国致密气资源潜力进行初步预测,认为我国致密气资源量超过$(55.77 \sim 83.46) \times 10^{12}$ $m^3$。致密油资源潜力也很大,目前探明未动用的致密油地质储量近$50 \times 10^8$ t。

我国是一个煤系地层十分发育的国家,致密储层分布广泛,在构造变动相对稳定的地区有利于致密气藏的发育。东部含油气盆地的深层,鄂尔多斯盆地古生界,四川盆地、准噶尔盆地、沁水盆地和吐哈盆地等是开展致密气勘探的最有利领域。

陆相含油气盆地近烃源岩分布区是致密油的主要分布区,松辽盆地、渤海湾盆地等主要产油盆地的致密油不断发现,但目前动用率不高。

## 2.5.3　　　烃源岩层系油气资源

### 1. 页岩气

我国富有机质页岩层系多,分布广泛,目前国内外研究者普遍认为我国页岩气资源丰富、潜力巨大。目前对页岩气资源前景的认识还存在较大分歧。2008 年以来多家单位采用类比法和体积法对我国页岩气资源进行了初步估计,由于选取的评价范围和参数值不同,导致资源量预测结果相差较大(表 2 - 3)。国土资源部油气资源战略研究中心 2011 年初预测,我国页岩气可采资源量为 $31 \times 10^{12}$ $m^3$。美国能源信息署以我国四川盆地、塔里木盆地为主,兼顾松辽盆地、渤海湾盆地、鄂尔多斯盆地和准噶尔盆地,对我国页岩气资源潜力进行了预测,认为我国页岩气技术可采资源量为 $36.1 \times 10^{12}$ $m^3$。这一预测结果非常乐观,但与我国近几年对页岩气分布的研究结果有出入。其中,四川盆地和塔里木盆地的部分页岩埋深超过 4 500 m;松辽、渤海湾盆地的主要页岩层系还处于生油高峰。中石油勘探开发研究院和其廊坊分院的预测范围为主要含油气盆地,其他沉积盆地和富有机质页岩分布区的页岩气资源潜力没有考虑。

表 2-3 我国页岩气
可采资源量评价数据
表(截至 2011 年底)

| 预 测 单 位 | 估计资源量 ×10⁻¹²/m³ | 评价年份 | 备 注 |
|---|---|---|---|
| 国土资源部油气资源战略研究中心 | 25 | 2011 | 主要盆地和地区 |
| 美国能源信息署(EIA) | 36.1 | 2011 | 主要盆地 |
| 中石油勘探开发研究院 | 10～20 | 2009 | 主要盆地 |
| 中石油勘探开发研究院廊坊分院 | 11.4 | 2009 | 重点盆地 |
| 中国地质大学(北京) | 26 | 2008 | 重点盆地和地区 |

中国南方发育上震旦统、下寒武统、上奥陶统五峰组-下志留统龙马溪组、中泥盆统、下石炭统、上二叠统、上三叠统、下侏罗统等八套富有机质页岩层系,其中下寒武统、上奥陶统五峰组-下志留统龙马溪组、上二叠统是最有利页岩气勘探层系;华北地区石炭-二叠系沼泽相煤系泥页岩、鄂尔多斯盆地三叠系延长组深湖-半深湖相泥页岩、西北地区的侏罗系煤系泥页岩、松辽盆地嫩江组和青山口组湖相泥页岩、东部富含油气的断陷盆地古近系湖相泥页岩,具有较好的页岩气成藏条件,页岩气前景乐观。

2. 页岩油

页岩油为一类以泥页岩及其夹层为石油储层的油藏,储层的孔隙和裂缝为储集空间,泥页岩通常也是生油岩层,有"自生自储"成油特点。

页岩油作为烃原岩中滞留的已生成的石油资源,国外的勘探开发经验值得借鉴。相比页岩气而言,页岩油的研究还在发展之中。目前国内外发现的绝大多数烃源岩油气都富集在优质烃源岩中。烃源岩的矿物成分及结构多种多样,常富含有机质、钙质或硅质矿物。有机碳一般大于 1.0%,高者可达 20%。有机质类型从 I 型到 II₁ 型,类型多样。烃源岩的演化程度 $R_o$ 在 0.5% 以上,其中对于腐泥型干酪根,$R_o$ 在 0.5%～1.3% 主要富集原油,$R_o$ 在 1.3%～3.0% 主要富集页岩气,$R_o$ 在 1.0%～1.5% 会同时富集原油和天然气。对于腐殖型干酪根,$R_o$ 在 0.5% 以上就开始形成天然气。

近年来国外在页岩油开发上进步很快,产量明显上升,其中美国威灵斯顿盆地Barken 页岩层系中页岩油的开发取得明显进展,产量大幅度上升,已经达到了美国石油产量的 1.7%。我国在江汉的潜北地区、松辽北部古龙地区、柴达木盆地西部油泉子、南翼山等地区也发现了页岩油油藏,部分已经开发。

根据页岩油主要形成于烃原岩层系的特点分析,这类油藏资源潜力与烃源岩热演化程度和分布有关,初步估计其资源潜力较大。根据页岩油主要形成并分布于烃源岩层系分析,我国页岩油资源潜力较大,初步估计其可采资源量在 $100 \times 10^8$ t 以上。但到目前,我国对页岩油资源还没有进行系统研究,也没有进行专门的资源潜力分析,资源潜力不清楚。

3. 页岩油与页岩气的密切关系

在成因上,页岩气和页岩油具有密切的关系,因此在产出上也有密切关系,页岩层段具体可分为以下几种:(1) 只产气、不产油;(2) 产气为主、产油为辅;(3) 油气同产;(4) 产油为主、产气为辅。

我国南方下古生界寒武系牛蹄塘组、上奥陶统五峰组–下志留统龙马系组的页岩层段为典型的只产气、不产油层段。页岩气成分主要为甲烷,含有少量乙烷和微量丙烷。没有凝析油等轻质原油成分。

美国 Ford Worth 盆地 Barnett 页岩为典型产气为主、产油为辅的含气(油)页岩层段,在 Ford Worth 盆地西北部坳陷区,Barnett 页岩以产气为主,同时有凝析油产出。

美国鹰滩(Eagle Ford)盆地 Eagle Ford 页岩为典型的油气并举的含气(油)页岩层段,该套含气(油)页岩在不同深度的热演化程度不同,北部还处于生油早期,主要含油,中部处于生油晚期,油气并存,南部已经进入生气窗,主要产湿气和干气(图 2 – 11)。

根据常规油气探井资料,我国松辽盆地齐家–古龙坳陷青山口组一段页岩的热演化程度随着埋深的增加而明显增加,但总体上仍处于生油窗内,仅有约 300 km$^2$ 处于油气混合带(图 2 – 12)。

美国 Wilinston 盆地 Bakken 页岩为典型的以产油为主、产气为辅的含气(油)页岩层段。Bakken 含气(油)页岩层段为典型的夹心饼结构,在盆地中部,上 Bakken 和下 Bakken 页岩之间夹有一套致密灰岩和砂岩层,页岩油开发井主要部署在该致密层中。Bakken 页岩的热演化程度在 0.4% ~ 1.6% ,有机碳含量为 2% ~ 6% ,所产原油主要为轻质低硫油和伴生天然气。

纯产油的含气(油)页岩层段较少。因为有价值的页岩油主要为分子直径较小的轻质油,这类原油在致密的含气(油)页岩储层中更易于流动,易于开发。中重质原油的分子直径较大,难以开发。轻质原油的形成一般要求有机质热演化程度高一些,这

图2－11　美国鹰滩盆地油气分带图（Galen Treadgold，et al，2011）

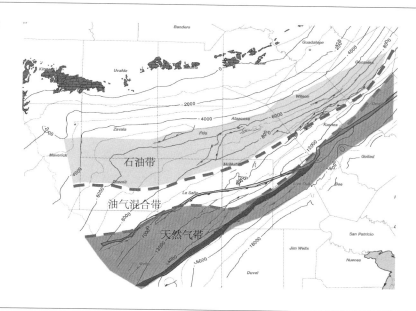

图2－12　松辽盆地齐家-古龙坳陷青山口组页岩油气分带示意图

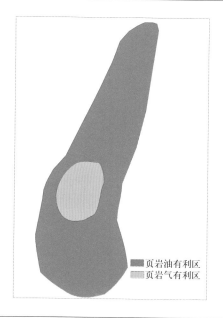

必然有天然气伴生生成。

### 4. 煤层气

埋深 1 500 m 以浅的煤层气可采资源量 $11 \times 10^{12}$ m³,其分布一部分位于煤炭矿权区内,大部分位于煤矿矿权区、煤矿规划区之外和煤炭开采深度范围之下。另外,从煤层气形成机理和煤矿瓦斯抽放实践两方面看,整个煤系地层中,可采煤层、非可采煤层和煤层之间的夹层是普遍含气的,从这点看,煤层气资源量还会增加。

我国煤层气开发还处于早期阶段,2010 年地面抽采利用煤层气 $15 \times 10^8$ m³。目前有沁南潘庄、沁南潘河示范项目、沁南枣园和阜新等多个项目已经进入煤层气商业化生产。

### 5. 油页岩

为富含有机质泥页岩,有机质主要由低等生物形成。有机碳含量很高,一般在 3.0% 以上。油页岩中除含有丰富的有机质外,还含有大量的高岭土等黏土矿物,可以生产高岭土或铝土矿;颗粒十分细小的二氧化硅,可以生产白炭黑;钛、锗、铀等贵重金属和稀土元素,不同产地的油页岩中的金属和稀土元素差别较大。

我国油页岩资源储量丰富。已发现的油页岩主要分布在 47 个盆地、80 个含矿区。这 80 个含矿区埋藏 1 000 m 以浅的油页岩技术可采资源量为 $2 432.36 \times 10^8$ t,这些油页岩可回收资源量为 $120 \times 10^8$ t。以松辽盆地、鄂尔多斯盆地和准噶尔盆地及其南部山区油页岩资源最为丰富。

油页岩干馏生产页岩油最主要是环境问题。要形成百万吨以上规模的页岩油产量,油页岩的采掘量非常巨大。抚顺 2007 年生产页岩油 $35 \times 10^4$ t,动用油页岩 $1 000 \times 10^4$ t。干馏过程中还需要大量的水,要产生废气、污水和废渣,其中废渣中的重金属在低温干馏过程中活化,溶于水,会造成地表和地下水的重金属污染。这些环境代价需要认真进行评估,并发展出经济环保的油页岩开发技术,否则,油页岩难以大规模商业开发。

## 2.6    页岩气资源开发的价值

21 世纪以来,美国页岩气勘探开发的水平井组钻完井技术和水力多级压裂技术取得全面突破,形成了页岩油气经济有效开发的技术体系并得到了广泛应用,页岩油气产量快速增加,改变了美国天然气以及能源格局,对国际天然气市场供应和世界能源格局产生了巨大影响,并对经济发展产生明显作用,页岩油气开发的多方面价值开始全面显现。

### 2.6.1 能源价值

从 20 世纪 70 年代开始,美国政府相关机构就投入了大量资金用于页岩气研究,在地质理论研究和技术开发上不断深入。1981 年,美国第一口页岩气井压裂成功,实现了页岩气开发的突破。21 世纪以来,随着水平井大规模压裂技术的成功应用,美国页岩气快速发展。2005 年以来,理论和技术发展推动美国页岩气迅猛发展(图 2 - 13),页岩气探明储量和产量迅速增加。美国页岩气的成功开发,大大提高了本国能源自给率,降低了能源对外依赖度。

图 2 - 13 1990—2035 年美国天然气供应构成变化预测情况(Howard Gruenspecht,2012)

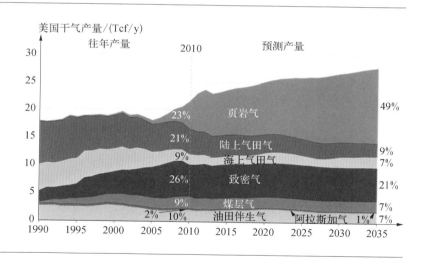

2000 年,美国页岩气产量为 $122 \times 10^8$ m³,2005 年为 $196 \times 10^8$ m³,年均增长 9.9%。2010 年页岩气产量为 $1\,378 \times 10^8$ m³,产量为 2005 年的 7 倍,年均增长 47.7%。

页岩气的成功开发,也带来了页岩油、致密油开发的增长,2009 年美国石油产量

195 659.6 万桶,2010 年达到了 199 813.7 万桶,2011 年前 9 个月产量更达到了 153 374.4 万桶,2011 年美国的石油产量较"页岩气革命"爆发前的 2006 年的 186 225.9 万桶增长了近 10%。

美国页岩气成功开发,大大提高了本国能源自给率,降低了能源对外依赖。页岩气大规模开发前,美国曾规划大量进口液化天然气(LNG)。页岩气的快速发展使美国进口 LNG 数量逐年减少。2006 年美国 LNG 进口量为 1 174.4 × $10^4$ t(约合 160 × $10^8$ $m^3$),2010 年美国 LNG 进口量为 882.9 × $10^4$ t(约合 120 × $10^8$ $m^3$),比 2006 年下降了四分之一。据美国能源信息署(Energy Information Administration, EIA)预测,美国页岩气产量将快速增长,国内天然气供应长期保持充足,并有 LNG 出口需求,出口量会不断增加。

据美国能源信息署预测,2035 年美国天然气总产量的 74% 将来自非常规天然气,在充分开发利用国内非常规天然气资源的前提下,2035 年美国天然气消费对外依存度仅 6%,否则将达到 65%。

埃克森美孚近期发布的《2030 年能源展望报告》指出,从 2005—2030 年,非常规天然气产量预计将增长 5 倍,其中美国的非常规天然气产量增长最快,至 2030 年,其产量将满足美国一半以上的天然气需求。全球增长最快的天然气供应是页岩气和煤层气等非常规天然气。

近两年,国际油价大幅度上升,由于美国页岩气产量的快速增长,其国内天然气价格没有发生变化,每立方米折合人民币 1 元左右,是世界三大天然气区域市场(北美、欧洲、亚太)中价格最低的地区。

## 2.6.2　经济社会价值

美国页岩气生产的快速增长对油气田工程服务需求产生了明显的促进。前些年,美国的一些能源密集型制造业公司一直在向海外转移,以寻找更加便宜的能源来保持其全球竞争力;目前,由于相对便宜的天然气供应,这些公司开始积极选择留在本土发展。总体上,美国页岩气的快速发展对经济社会的影响已经开始显现。页岩气勘探开发是高技术、低成本发展清洁能源的成功示范。

美国页岩气的成功开发,产量的快速增长大大增加了美国发展天然气发电的能力。天然气发电厂启停灵活,对配合波动较大的风电、太阳能发电等可再生能源的发展十分有利。预计美国的可再生能源电力法案通过后,天然气发电需求将进一步增加。

页岩气低成本开发的成功大大提高了页岩气的市场竞争力,已对美国常规天然气的生产产生很大压力,其墨西哥湾常规天然气的产量从 2007 年的 $3\,960 \times 10^4$ $m^3/d$ 降低到目前的 $1\,980 \times 10^4$ $m^3/d$,减少了一半。

美国页岩气的成功开发,已经对世界能源供应产生了明显影响。其中受影响最大的是加拿大的天然气出口。加拿大目前正在为其天然气寻找替代需求量,欧洲和亚太地区是其主要出口目标。若加拿大天然气成功出口欧洲和东北亚,将对俄罗斯天然气出口产生较大影响。

LNG 贸易流向已经改变,美国正从 LNG 进口向出口转变,欧洲部分国家也希望摆脱对俄罗斯天然气的过分依赖。页岩气的广泛开发,将对贸易、地缘政治以及气候变化政策产生深远影响。如美国宾夕法尼亚州和纽约州等传统大宗能源的进口区,现在变成了能源生产供应区。天然气还将成为公共汽车和卡车的燃料。

### 2.6.3    我国开发页岩气的现实意义

在 2012 年公布的我国"页岩气发展规划(2011—2015 年)"中,计划到 2015 年探明页岩气地质储量 $6\,000 \times 10^8$ $m^3$,可采储量 $2\,000 \times 10^8$ $m^3$。2015 年页岩气产量为 $65 \times 10^8$ $m^3$,如果政策得当,到 2020 年我国页岩气产量可能达到 $600 \times 10^8 \sim 1\,000 \times 10^8$ $m^3$。

从经济价值角度看,按 $1\,150 \times 10^8$ $m^3$ 天然气折算为 $10^8$ t 石油计算,$65 \times 10^8$ $m^3$ 页岩气相当于 $565 \times 10^4$ t 石油,$600 \times 10^8$ $m^3$ 页岩气相当于 $0.51 \times 10^8$ t 石油,$1\,000 \times 10^8$ $m^3$ 页岩气相当于 $0.87 \times 10^8$ t 石油。按每吨石油 4 500 元计算,$565 \times 10^4$ t 石油价值为人民币 254.25 亿元,$0.51 \times 10^8$ t 石油价值人民币 2 348 亿元,$0.87 \times 10^8$ t 石油价值人民币 3 543.75 亿元。

按 2016 年页岩气十三五规划,2020 年页岩气产量为 $300 \times 10^8$ m³。这个产量规划是比较保守的,中石油、中石化两家石油企业按其企业规划目标就可以实现了。

页岩气的开发会形成从科技研究、装备制造、钢材、水泥等物资生产,到人才培养等一个新兴的产业链,形成新的经济增长点,推动我国科技进步、带动经济发展。

页岩油气
资源调查
评价与选区
工作流程

2008 年,在国土资源部《全国油气资源战略选区调查与评价项目》(二期)的立项论证中,所提出的页岩气资源调查项目建议得到专家的初步肯定,同意设立《中国重点地区页岩气资源潜力及有利区优选》项目。2009 年的项目工作重点地区确定为四川盆地及周缘和南方海相地层,并设计实施了 2 口页岩气调查井。其中渝页 1 井效果较好,在四川盆地外发现了页岩气显示。该井的实施,还摸索出了页岩气调查井实施的基本模式。

## 3.1　　　含油气页岩分类

受复杂地质背景和多阶段演化过程的影响,中国地质构造具有多块体、多旋回、多层次的复杂构造运动特征,导致我国沉积盆地类型多、结构复杂。依照形成环境,可将富有机质页岩划分为三类:海相、海陆过渡相及陆相含油气页岩(表 3-1)。

表 3-1 我国含油气页岩类型和特点

| 页岩类型 | | 沉积相 | 主要地层 | 分布及岩性组合特点 | 主体分布区域 | 有机质类型 |
|---|---|---|---|---|---|---|
| 海相页岩 | | 深海、半深海、浅海等 | 古生界 | 单层厚度大,分布稳定,可夹海相砂质岩、碳酸盐岩等 | 南方、西北 | I、II型为主 |
| 海陆过渡相页岩 | | 潮坪、潟湖、沼泽等 | 上古生界中生界 | 单层较薄,累计厚度大,常与砂岩、煤系等其他岩性互层 | 华北、西北、南方 | II、III型为主 |
| 陆相含油气页岩 | 湖相 | 深湖、半深湖、浅湖等 | 中生界新生界为主 | 累计厚度大、侧向变化较快,主要分布在坳陷沉积中心,常夹薄层砂质岩 | 华北、东北、西北、西南 | I、II、III型 |
| | 湖沼相 | 湖相、湖沼等 | 中生界新生界为主 | 单层厚度大、横向变化快,多与煤层和致密砂岩层互层产出 | 中新生代断陷盆地、坳陷为主 | I、II、III型 |

## 3.2　　　总体分布

统计结果显示,我国富有机质泥页岩广泛分布,其中,海相富有机质泥页岩主要分布在扬子地区、滇黔桂地区的古生界,塔里木盆地、鄂尔多斯盆地下古生界,华北地区新元古界地层中;另外,青藏地区中生界地层中也广泛分布。海陆过渡相富有机质泥页岩主要分布在南方地区二叠系、华北地区石炭—二叠系;另外,二连盆地、海拉尔盆地和措勒盆地下白垩统为滨海沼泽沉积。陆相富有机质页岩主要分布于我国中新生代广泛发育的沉积盆地内。

## 3.3　　我国页岩油气总体特点

在从元古代到第四纪的地质时期内,中国连续形成了从海相、海陆过渡相到陆相等多种沉积环境下的多套富有机质页岩层系,形成了多种类型的有机质,但由于后期构造变动复杂,有机质生气、含气及保存条件差异较大,形成了中国页岩油气的多样性,归纳而言,主要表现为以下 4 个特点。

1. 海相、海陆过渡、陆相页岩均发育,页岩地层组合各有特点

中国在不同地质时代形成了海相、海陆过渡相及陆相地层,其中包含了十余套富含有机质页岩层系,其地层组合特征各不相同。海相页岩多为厚层状,分布广泛且稳定,可夹海相砂质岩、碳酸盐岩等;海陆过渡相页岩分布范围广,相对稳定的富有机质页岩常与砂岩、煤层等其他岩性频繁互层;陆相页岩主要表现为巨厚的泥岩层系,泥页岩与砂质薄层韵律发育,累计厚度大、平面分布局限,侧向变化快。地层组合特点决定了页岩气地质条件的巨大差别。

我国海陆过渡相、陆相页岩广泛发育,这点与美国以海相页岩为主的差别较大,这是我国特定地质演化的结果。由于页岩气起源于美国,其主要开发海相页岩油气,我国海陆过渡相、陆相页岩油气的开发没有国外成功经验可以借鉴,需要我国企业不断探索。

2. 古生界、中生界、新生界多层系分布页岩,含油气特点各有不同

中国下古生界寒武系、奥陶系、志留系,上古生界泥盆系、石炭系、二叠系,中生界三叠系、侏罗系和白垩系,以及新生界古近系均发育多套富有机质页岩层。从

全国范围来看,页岩层系平面分布广、剖面层位多。由新到老,虽然有机质成熟度依次增加,但各层系页岩成岩作用逐渐加强,原生游离含气空间递次消亡,导致各层系页岩含气特点各有不同。在含气特点方面,总体表现为吸附气相对含量依次增加。在相同保存条件下,下古生界页岩吸附气含量相对最多,上古生游离气相对含量增加,中新生界则可能由于成熟度原因形成页岩油气共生现象,溶解气含量相对最大。

3. 沉降区、稳定区、抬隆区构造变动复杂,页岩气保存条件迥异

在中国,页岩气比常规油气分布更为广泛。在华北、东北、西北及南方部分沉降区由于上覆地层较厚,页岩气保存条件良好;在鄂尔多斯盆地及川西凹陷等稳定区,埋藏条件相对适中,保存条件较好,是页岩气发育的最有潜力区域;在上扬子、下扬子等构造运动复杂的后期抬隆区,虽然页岩有机地球化学等条件有利,但地层普遍遭受抬升及后期剥蚀,保存条件受到严重影响,导致地层总含气量普遍降低。

4. 生物、热解、裂解成因多样,评价方法和选区标准各异

不同大地构造背景决定了沉积相变化较大,分别形成不同类型的有机质,对应产生不同的页岩气生成条件及含气特点,在统一的工业含气性标准条件下,对生物、热解、裂解等不同成因类型的页岩气需要分别采取有针对性的资源评价方法及有利选区标准。在海相条件下,具有偏生油特点的沉积有机质需要相对较高的热演化程度,评价方法和选区标准可参考美国东部地区页岩气;在陆相条件下,三种类型干酪根均有不同程度的发育,在热演化程度较低时,表现为页岩油气共生,含气量变化同时受控于有机质类型、热演化程度、埋深及保存等多重因素,评价方法和标准需要针对不同沉积盆地进行侧重研究。

## 3.4 页岩气、页岩油有利区分类

依据我国页岩气(油)资源特点,将页岩气(油)分布区划分为远景区、有利区和目标区三级(图3-1),远景区内包含有利区,有利区内包含目标区。

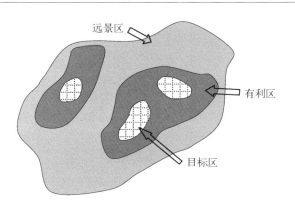

图3-1 页岩气分布区
划分示意图

通过对含油气页岩层段的识别与划分、含油气页岩层段的剖面分析、平面分析、分布范围和分布深度的分析,基本可以确定页岩油气的发育远景区。在页岩油气发育的远景区内,根据有利区优选条件,进一步优选页岩油气发育有利区。

页岩气远景区:在区域地质调查基础上,结合地质、地球化学、地球物理等资料,进行含气页岩层段识别划分,优选出的具备规模性页岩气形成地质条件的潜力区域。

页岩气有利区:主要依据页岩分布、评价参数、页岩气显示以及少量含气性参数优选出来、经过进一步钻探能够或可能获得页岩气工业气流的区域。

页岩气目标区:在页岩气有利区内,主要依据页岩发育规模、深度、地球化学指标和含气量等参数确定,在自然条件或经过储层改造后能够具有页岩气商业开发价值的区域。

页岩油远景区:在区域地质调查基础上,结合地质、地球化学、地球物理等资料,进行含油页岩层段识别划分,优选出的具备页岩油形成基本地质条件的潜力区域。

页岩油有利区:发育在优质生烃泥页岩层系内部的,经过进一步钻探能够或可能获得页岩油流的区域。

页岩油目标区:在页岩油有利区内,在自然条件或经过储层改造后能够具有液态烃商业开采价值的区域。

## 3.5    页岩油气资源调查评价与选区工作流程

通过2009—2013年共5年的页岩气资源潜力调查评价和有利区优选工作,初步总结出了页岩气资源调查评价基本流程:(1)确定目标层系(油气源岩);(2)识别与划分含油气页岩层段,开展页岩油气可开发性评价;(3)确定含油气页岩层段的发育规模,预测页岩油气有利区;(4)开展有利区内页岩油气资源潜力评价;(5)研究总结页岩油气富集地质规律,部署页岩油气探井(图3-2)。

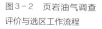
图3-2 页岩油气调查
评价与选区工作流程

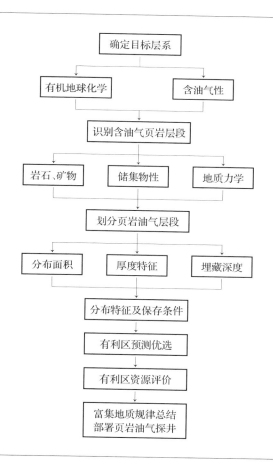

### 1. 确定页岩油气资源调查目标层系

页岩油气资源调查的主要目标层系为烃源岩层系。我国油气资源调查与勘探开发工作已经进行百年,对烃源岩发育层系和地区有较为明确的认识;煤炭,可燃有机岩石的调查与勘探开发也有悠久的历史。可以充分利用以往的油气勘探资料、煤炭和煤层气勘探资料、区域地质资料,初步确定含油气页岩的目标层系(油气源岩层系),并基本掌握其分布规模、分布和埋深特征,初步判断其页岩油气的资源前景。

### 2. 识别含油气页岩层段

含油气页岩层段为有烃源岩层系内油气连续富集的层段,一般由富含有机质岩石为主、以不含有机质的粉砂岩、细砂岩和碳酸盐岩等含油气夹层为辅构成,岩性复杂,纵向和横向变化大,不含有机质的粉砂岩、细砂岩和碳酸盐岩等夹层不能单层开发。

含油气页岩段识别与划分,一般通过成本较低的调查井获取目标层系系统的岩心资料进行,岩心直径不小于 60 mm。地表露头剖面样品也可以作为研究对象,但不能获取全部参数数据,部分参数受风化作用影响有明显偏差,在使用时要十分小心。识别含油气层段的主要参数包括 TOC 含量、$R_o$ 等有机地球化学参数和含油气性指标。

有机地球化学和含油气性参数要在目标层系岩心或露头剖面上按一定密度系统采样获取,最终建立起含油气页岩层段有机地球化学和含油气性剖面,来反映含油气页岩层段识别的依据和识别结果。

在已经确定的烃源岩层系内,利用钻井岩心、录井及测井资料、地表露头剖面样品开展分析研究工作。分析研究工作重点进行剖面连续解剖,尽量避免单点研究。针对典型井、典型剖面,需要获取的有机地球化学和含油气性方面的参数如下。

(1)有机地球化学

包括有机质类型、TOC 含量、热演化程度等有机地球化学参数的剖面分布与变化规律。基础资料、数据来自钻井岩心、测井资料、地表露头。其中,TOC 含量及类型主要通过岩心及样品实测,测井数据预测。样品密度,尽量密集取样,每米 3～5 个样点。$R_o$ 样品量可以适当减少。

含油气页岩层段的 TOC 含量平均要达到 2.0%;$R_o$ 则与有机质类型有关,偏油型干酪根的 $R_o$ 要高一些。

(2)含油气性

含油气性指标剖面分布及其变化规律。含油气性指标主要通过参数井岩心解析(解吸气及损失气、残留气分析预测),也可以通过录井、测井进行分析判断。对于其吸附能力,可以通过等温吸附试验确定。在取得参数井岩心解析含气量数据的基础上,可以通过建立测井资料预测模型。

含油气性指标是识别判断含油气页岩层段的直接参数,在一定深度范围内,含油气性指标达到要求就可以确定该层段为含油气页岩层段。如对于含气页岩层段而言,在埋深小于 1 000 m 时,目标层段的含气量平均大于 1 $m^3/t$ 时,就有开发价值,这个层段就可以确定为页岩气层段。

3. 划分页岩油气层段、开展页岩油气可开发性评价

在通过有机地球化学和含油气性指标识别出含油气页岩层段后,进一步的工作是通过岩石矿物、储集物性、地质力学等指标进一步划分出有开发价值的页岩油气层段。

页岩油气层段的划分,也要充分利用调查井、探井资料,特别是岩心及录井、测井资料进行。划分含油气层段的主要参数除 TOC 含量、$R_o$ 等有机地球化学参数和含油气性指标外,重点获取层段的(1)岩石类型和矿物组成等岩矿参数;(2)孔隙度、孔隙结构和类型等储层物性参数;(3)岩石力学、地应力等其他参数。

(1)岩石矿物

岩石矿物主要包括岩石类型、组成,矿物类型、组成等岩矿参数剖面分布及变化规律。

对于野外露头,要求详细取样分析岩性组成和沉积微相特征,但要注意风化对矿物成分和组构的影响。对于井筒资料,要通过岩心分析和岩性测井解释出连续的岩性组成。岩性组成及其变化特征对钻完井及压裂效果具有较大影响,必需认真研究。

由于含油气页岩层段的岩石总体粒度较细,变化较快,成分多样,对页岩油气的储集能力和可改造性的影响很大。因此,对重点井、重点剖面的岩矿研究要细致、系统,并建立岩-电解释模型,为全区含油气页岩层段特征的确定提供依据。

(2)储集物性

储集物性主要涉及孔隙度、孔隙结构和类型等储层物性参数剖面变化规律。孔隙类型研究主要借助扫描电镜及氩离子剖光技术进行表征;渗透率研究主要采用低压氮气等方法进行表征。

各项参数要在目标层系岩心或露头剖面上按一定密度系统采样获取,最终建立含

油气页岩层段综合剖面,综合反映含油气页岩层段识别划分依据和划分结果。同时,要注意新技术的有效应用,保证测试的有效性和测试质量。

(3)地质力学研究

在证实含油气页岩段的含油气性、并取得了岩矿及物性资料后,进一步获取储层岩石力学参数,研究区现今三维地应力场特征数据,目标层段地应力剖面数据,进一步评价其可开发性,这是开展页岩油气开发试验的重要一环。结合矿物含量和成岩程度分析岩石的脆性;利用样品和测井资料分析获取含油气页岩层段的弹性模量、泊松比、抗张、抗剪、抗压强度;分析确定研究区最大、中间和最小主应力大小,确定研究区地下三维应力状态;确定目标层段及其顶底的最小主应力剖面特征、应力差剖面等参数,为开展压裂和试采提供必要参数数据。

4. 确定含油气页岩层段的发育规模

在对一个地区的一套含油气页岩层段进行2~3口井的系统解剖,获取了有代表性的资料数据后,可以通过地质、地球物理和钻探方法,综合分析确定含油气页岩层段的分布面积、厚度及其变化规律,埋藏深度;分析其有机地球化学参数、岩矿和储层物性参数、含油气性参数等的变化规律。确定各含油气目标层段的分布范围。

5. 保存条件研究、预测页岩油气有利区

对已经确定了分布面积、厚度和埋深的含油气页岩层段,还要结合构造特征和演化分析、地层及沉积分析,确定含油气页岩分布区内断层对页岩油气保存的影响,确定含油气页岩顶底板对页岩油气保存条件的影响。有机质热演化史及演化生排烃过程分析,确定页岩油气的保存状态。综合考虑以上各方面因素,采用多因素叠合方法等技术手段,确定页岩油气聚集有利区。

6. 开展有利区内页岩油气资源潜力评价

制订资源评价方法,确定评价参数选取原则,开展有利区页岩气、页岩油资源评价,进一步分析各有利区的勘探开发前景。

7. 总结页岩油气富集地质规律

从地质背景,含油气页岩发育特征、规模,含油气页岩岩石、矿物组成特征,储集类型、成因,储集物性特征等多方面总结页岩油气富集地质规律,进一步预测页岩油气开发前景。

8. 部署页岩油气探井，研究页岩油气勘探开发关键问题

每套含油气页岩都有其自身特征，勘探开发所面临的关键问题也不尽相同。从美国页岩气早期工作经验看，每套页岩在取得成功开发前，一般要实施20～40口勘探及评价井，包括参数井、开发试验直井和水平井等，目的是摸清该套页岩的各项地质特征和影响开发的关键因素，针对该套页岩开发所面临的关键问题，制订并优化开发技术工艺流程，降低开发成本，保证该套页岩的成功开发。

我国含油气页岩层位多、特点千差万别。目前只有上扬子的五峰-龙马溪组探井和开发试验井较多，并在部分地区取得了开发成功，其他含油气页岩层系的探井、开发试验井较少，还没有摸清其投入开发所面临的关键问题，还需要投入必要的实物工作量，逐步摸清其特点，总结出开发技术工艺流程，保证其可商业化规模化开发。

## 3.6　页岩油气资源调查评价与勘探开发的主要技术手段

通过实践证明，地质资料综合分析，野外地质调查，二维、三维地震勘查，地质调查井钻探取心，页岩气直井、水平井的钻、录、测、固、压，系统的分析测试等是页岩气调查评价和勘探的主要技术手段。而非震地球物理勘查精度难以满足页岩气勘查的精度要求，不建议使用。在碳酸盐岩地层发育区，三维电法对识别溶洞，优化探井设计有较好的作用，可以适当应用。

利用已有油气勘探资料、区域地质调查资料、固体矿产等勘查资料，开展系统分析，可以初步确定页岩油气目标层系。在有目标层出露的地区，野外地质调查可以经济有效地获取目标层系部分参数。而对于目标层系的分布特征的有效控制手段为地震勘探，包括二维地震勘探和三维地震勘探。其中，二维地震勘探是部署页岩气探井（直井）的主要依据，三维地震勘探是部署实施页岩气水平井的主要依据。不建议利用二维地震部署实施页岩气水平井。

在一个新区，划分含气页岩层段的主要依据为目标层岩心，主要通过页岩气调查井获取。调查井的完井井径不小于95 mm，岩心直径大于60 mm。单井成本总体不

高。调查井一般进行全井段取心,目标层段进行页岩气现场解析。岩心进行系统的有机地球化学、岩矿、物性、含气性等系统分析,建立综合解剖剖面。

获取页岩气气流的井一般采用油气探井,包括直井和水平井。页岩气探井实施的同时,综合录井、目标层取心、测井、固井、压裂等工作也要系统、有序配套进行。

分析测试在识别、划分和评价页岩气目标层段中十分重要。分析测试手段大多数与常规油气相同,但孔隙特征、孔隙度、渗透率、含气性等的分析测试要求较常规油气有别。需要采用亚离子剖光技术制备电镜分析样品,以及采用低压脉冲渗透率测试、页岩气现场解析等技术。

## 3.7　　页岩气(油)有利区优选标准和资源量估算方法

### 1. 页岩气有利区优选标准

中国页岩气发育地质条件复杂,分为海相、海陆过渡相和陆相三大类型,在选区过程中宜按不同标准进行优选。以美国已商业化开采页岩的基本参数、我国不同类型页岩气的实际地质参数、统计规律及我国气源岩分级标准等为依据,结合多年来项目组在不同地区的页岩气勘探实践,经相关专家多次研讨,初步提出我国现阶段不同类型页岩气的有利区优选标准。

(1)选区基础

结合泥页岩空间分布,在进行了地质条件调查并具备了地震资料、钻井(含参数浅井)以及实验测试等资料,掌握了页岩沉积相特点、构造模式、页岩地球化学指标及储集特征等参数基础上,依据页岩发育规律、空间分布及含气量等关键参数在远景区内进一步优选出的有利区域。

(2)选区方法

基于页岩分布、地球化学特征及含油气性等研究,采用多因素叠加、综合地质评价、地质类比等多种方法,开展页岩气有利区优选及资源量评价(表3-2、表3-3)。

表3-2 海相页岩气有利区优选参考标准

| 主 要 参 数 | 变 化 范 围 |
|---|---|
| 页岩面积下限 | 50 km² |
| 泥页岩厚度 | 厚度稳定、单层不小于10 m |
| TOC 含量 | 平均不小于1.5% |
| $R_o$ | I型干酪根不小于1.2%；II型干酪根不小于0.7% |
| 埋深 | 500～4 500 m(牛蹄塘组为1 000～4 500 m) |
| 地表条件 | 地形高差较小,有利于钻完井及压裂施工 |
| 总含气量 | 埋深<1 000 m,不小于1.0 m³/t；埋深1 000～2 000 m,不小于3.0 m³/t；埋深2 000～3 000 m,不小于5.0 m³/t；埋深3 000～4 000 m,不小于6.0 m³/t |
| 保存条件 | 构造斜坡区及向斜区,目标层分布稳定,受断层改造小；顶底板具有较好的保存能力 |

表3-3 陆相、海陆过渡相页岩气有利区优选参考标准

| 主 要 参 数 | 变 化 范 围 |
|---|---|
| 页岩面积下限 | 50 km² |
| 泥页岩厚度 | 层段连续厚度不小于30 m |
| TOC 含量 | 平均不小于1.5% |
| $R_o$ | I型干酪根不小于1.2%；II型干酪根不小于0.7%；III型干酪根不小于0.5% |
| 埋深 | 500～4 500 m |
| 地表条件 | 地形高差较小,有利于钻完井及压裂施工 |
| 总含气量 | 埋深<1 000 m,不小于1.0 m³/t；埋深1 000～2 000 m,不小于3.0 m³/t；埋深2 000～3 000 m,不小于5.0 m³/t；埋深3 000～4 000 m,不小于6.0 m³/t |
| 保存条件 | 构造斜坡区及向斜区,目标层分布稳定,受断层改造小；顶底板具有较好的保存能力 |

### 2. 页岩油有利区优选标准

在前期油气勘探工作中,已在钻井、气测、录井及测试工作中发现泥页岩含烃异常,并基本掌握了异常层系的发育规模、有机地球化学特征、岩石学特征及少量含油性特征,经过进一步评价工作可确定含气层段的区域是页岩油发育的有利区(表3-4)。

### 3. 页岩气资源潜力评价方法和参数

#### (1)页岩气原地资源量估算

采用条件概率体积法进行页岩气原地资源量估算:

表3-4 我国页岩
油有利区优选参考
标准

| | 含油页岩厚度 | 层段连续厚度大于 30 m |
|---|---|---|
| 有利区 | 埋深 | <5 000 m |
| | TOC 含量 | >1.5% |
| | 有机质成熟度 | 0.7% $< R_o <$ 1.2% |
| | 可改造性 | 脆性矿物含量 >35% |
| | 原油相对密度 | <0.92 |
| | 含油率(质量分数) | >0.1% |

$$Q_t = 0.01 Ah\rho q \qquad (3-1)$$

式中　$Q_t$——页岩气原地资源量 $\times 10^{-8}$，$m^3$；

　　　$A$——含气泥页岩面积，$km^2$；

　　　$h$——含气页岩层段厚度，m；

　　　$\rho$——含气层段岩石密度，$t/m^3$；

　　　$q$——含气量，$m^3/t$。

各参数如果能够取得确定值，则取确定值，如果不能取确定值，则根据已有数据取概率值，通过概率乘积得到页岩气原地资源量的概率分布。

（2）页岩气可采资源量估算

页岩气可采资源量由页岩气原地资源量与可采系数相乘得到：

$$Q_r = Q_t k \qquad (3-2)$$

式中　$Q_r$——页岩气可采资源量 $\times 10^{-8}$，$m^3$；

　　　$k$——页岩气可采系数，量纲为1。

在页岩气资源评价中，对页岩气可采系数取值主要参考了表3-5，该表是在考虑了不同时期形成的含气页岩特征，并兼顾了地表特征确定的。

4．页岩油资源潜力评价方法和参数

页岩油原地资源量的估算也可采用条件概率体积法：

$$Q_o = 100 Ah\rho w \qquad (3-3)$$

表3-5 页岩气可采系数取值参考

| 地 表 条 件 | 前寒武、寒武系 | 志 留 系 | 上古生界 | 中新生界 |
|---|---|---|---|---|
| 高 山 | 0~5 | 0~5 | 0~5 | 0~5 |
| 中 山 | 41 769 | 41 769 | 41 769 | 41 769 |
| 沙漠、戈壁 | 41 774 | 41 927 | 41 932 | 41 932 |
| 黄土塬、高原(除青藏外) | 41 927 | 41 927 | 15~20 | 15~25 |
| 低 山 | 41 927 | 41 932 | 15~25 | 20~30 |
| 丘陵、平原 | 41 927 | 41 937 | 20~25 | 25~30 |

式中　$Q_o$——页岩油原地资源量×$10^{-4}$,t;

　　　$A$——含油页岩分布面积,$km^2$;

　　　$h$——有效页岩厚度,m;

　　　$\rho$——页岩密度,$t/m^3$;

　　　$w$——含油率,%(质量分数)。

可采资源量由地质资源量与可采系数相乘获得,

$$Q_{or} = Q_o k_o \qquad (3-4)$$

式中　$Q_{or}$——页岩油可采资源量×$10^{-4}$,t;

　　　$k_o$——页岩油可采系数,量纲为1。

评价中还可视具体情况结合使用类比法、成因法及动态法等。

## 3.8　　页岩油气地质评价重点内容

页岩油气调查评价和有利区优选流程中的主要工作为含油气页岩的地质评价,地质评价是页岩油气资源调查及勘探开发的基础。页岩油气地质评价主要包括地质背景评价、物质基础评价、储集能力评价、含气性评价和可开发性评价。

### 3.8.1　地质背景评价——确定含油气页岩目标层系及远景区

地质背景评价主要通过区域地质资料的收集分析,研究区的地层、沉积、构造和地质演化特征,评价确定研究区内潜在含油气页岩发育层位和基本特征。

1. 烃源岩层系页岩油气前景地质综合分析

为分析判断烃源岩中是否富集可开发的页岩油气,还需要有针对性地开展相应的研究工作。

（1）地层分析

收集现有资料,结合钻探,如果有露头,可以结合野外地质调查进行。目的是了解所评价地区的地层结构、各地层的矿物岩石构成,为地震和钻探部署提供依据;确定研究区主要含气页岩层系及大致分布特征,初步掌握目标层系基本地层结构。

（2）沉积特征与沉积演化分析

对研究区的沉积演化史进行分析,重点对含气页岩层系的沉积特征和沉积演化进行分析。

2. 页岩油气潜在发育区优选

（1）构造特征及构造演化分析

烃源岩发育区中,页岩气主要保存在构造相对稳定的向斜及斜坡区,构造特征分析是确定页岩气发育有利区的基本手段之一。构造演化史分析关系到优选页岩气分布有利区,也关系到有机质埋深演化生烃过程。

（2）主要含油气页岩层系及潜在发育区分析确定

通过基础地质分析,结合常规油气等勘探实践,可以确定研究区主要潜在含油气页岩的发育层系。根据构造特征确定页岩气远景区。

### 3.8.2　含油气层段识别与划分

含油气层段识别与划分是页岩气有利区优选的基础性重点工作,准确识别、划分页岩油气层段,需要获取多项指标,包括目标层段的岩矿指标、有机地球化学指标、含油气性指标、可开发性评价指标等。

含油气页岩层段的识别与划分,首先要建立该目标层段的典型含油气页岩剖面。对于典型含油气页岩剖面,需要进行细致的解剖,取全、取准各项评价指标,建立代表性剖面,为全面评价该含油气页岩层段提供准确参照。

1. 典型含油气页岩层段资料获取

主要通过钻井取心、录井和测井,野外目标层剖面实测,进行潜在含油气页岩单剖面解剖分析。

对整个目标层剖面进行分析,而不是单点。因此,剖面资料要系统、翔实,剖面的布局要能够控制研究区的目标层整体面貌,剖面取样要系统,满足各项分析的精度要求。

2. 关键指标及获取

关键指标包括矿物岩石、有机地球化学、储层物性、含油气性、可开发性等指标。物质基础评价一般从单剖面解剖开始,由多个单剖面解剖结果构成区域剖面,再由多条区域性剖面构建其平面分布图,研究分析其平面分布特征。

(1)地球化学指标

有机地球化学指标,特别是 TOC 含量指标,是划分确定含油气页岩层段的关键指标之一。由 TOC 含量指标与含油气性指标可以基本确定含油气页岩层段范围。在其范围内,进一步分析岩矿指标、物性指标、可开发性指标,可进一步明确含油气页岩层段的分布。

含油气页岩有机地球化学特征评价主要通过分析潜在含油气页岩的有机质类型、有机碳含量、热成熟度和演化特征等,评价潜在含油气页岩形成油气的物质基础。其中,TOC 含量指标的取样与岩石类型样配合采取,一般要求每半米至少一个或一个以上样品。通过对样品系统的 TOC 含量分析,建立 TOC 含量剖面分布规律图,作为划分含油气页岩层段的基础依据。与此同时,有机质类型、热成熟度的分析样可减少。

(2)含气量、含油率

含气页岩的含气量、页岩油的含油率是评价确定含油气页岩层段的关键指标之一。

岩心含气量主要通过岩心现场解析、等温吸附模拟、录井、测井等方法确定。岩心现场解析获取含气量是最直接的方法,目前该方法的原理和仪器主要是借鉴了《美国政府手册(United States Government Manual,USGM)》给出的煤层气解析原理,采用了改进的煤层气解析仪器。

在进行渝页 1 井岩心解析过程中发现,改进的煤层气解析仪器的连接管路长、管路中空气体积较大,而页岩气岩心含气量较煤层,特别是中高阶煤的含气量小得多,导致解析结果中空气含量高,扣除不准确。为减少解析仪器中空气对解析结果的干扰,项目组将岩心密封罐与集气瓶直接对接,取消了两者间的联通管路,最大限度地减少了仪器内空气对解析结果的影响。经过 2010 年以来上百口页岩气等井岩心含气量解析结果的检验,证明其操作简便、结果可靠。目前中国地质大学(北京)已经开发出两代页岩气解析仪产品,并获得了国家专利。

岩心总含气量包括解吸气量、残留气量和取心过程中的损失气量。残留气量主要通过加温脱气、岩心破碎脱气等方法获取;损失气量主要通过数学方法外推,由于外推结果不确定性较高,因此一般要求结合经验数据控制外推结果。

等温吸附方法确定的是最大吸附量,主要作为页岩吸附能力的参数,不能据此判断页岩是否含气。

含油率一般较难准确获得,目前的主要方法有以下六种。

① 地球化学法。测定岩心样品中氯仿沥青"A"或总烃,或通过热解法获得 $S_1$、$S_2$ 等参数,各项指标代表含义不同,均需辅以校正系数进行修正。该方法适用于资料相对较少地区。

② 类比法。建立研究区与参照区之间的地质相似性关系,获取基于不同类比系数条件基础上的含油率数据。该方法适用于各类勘探开发程度的地区。

③ 统计法。建立 TOC 含量、孔隙度等参数与含油率的统计关系模型,根据统计关系进行赋值。该方法适合于资料丰富,研究程度稍高地区使用。

④ 含油饱和度法。将泥页岩孔隙度与含油饱和度相乘后换算为以质量分数计的含油率。适合于孔隙度和含油饱和度相对容易获得的地区,特别是裂缝型页岩油。

⑤ 测井解释法。通过测井资料信息解释获得含油率。该方法适合于资料丰富、

研究程度较高地区使用。

⑥ 生产数据反演法。依据实际开发生产动态数据推演获得含油率。该方法适合于勘探开发程度高的地区。

（3）岩石、矿物

由于含油气页岩具有很强的三维非均质性，岩石类型较多，一般在 8 种以上，在剖面上的岩石类型变化较快，薄互层、韵律性明显。为摸清剖面岩石组成，需要通过密集采样来分析剖面岩石组成，一般要求只要出现岩石类型变化就要采样进行岩矿分析鉴定，确定岩石类型和矿物组成，由于岩石类型变化较快，采样密度最好在 0.5 m 以内。

近年对含油气页岩段的岩石、矿物成分剖析取得了许多新信息，特别是岩性和储层孔隙发育方面的新认识较多。在岩性方面，过去烃源岩研究中被普遍定性为泥页岩的烃源岩层段中，经细致的岩矿分析发现，许多为粉砂质泥岩、页岩，部分为白云质灰岩、白云岩，含气页岩层段脆性较高，而且这些岩石均富含有机质，属于烃源岩层系，是页岩油气发育的主要层段。

（4）储集物性

含气页岩层段孔渗指标的获取，可以通过岩心分析以及测井手段，最好是两者的结合。地表、近地表样品因受风化作用影响，其孔渗指标可靠性不高，建议不用或尽量少用为好。主要采用深部岩心及测井资料确定含气页岩层段孔渗指标。

岩心孔渗指标的确定，要结合典型剖面的岩石、矿物分析结果，按不同岩性进行取样、系统分析，获取每类岩石的孔渗特征指标，包括孔隙类型、裂隙类型、孔隙结构、孔隙度、孔喉半径、渗透率等，并结合测井资料，分析确定孔渗指标的剖面分布特征。

（5）地应力指标

地应力指标主要考虑以下几个方面：

① 最小主应力为垂直状态或水平状态。当最小主应力处于垂直状态时，一般在压裂过程中会产生水平裂缝，不适合采用水平井开发；当最小主应力处于水平状态时，一般在压裂过程中会产生直立裂缝，采用水平井多段压裂开发效果较好。

② 最大、最小主应力差，即应力差。应力差的大小与裂缝延伸的规律性有关，应力差越大，所形成的裂缝越平直，不宜形成网状缝。应力差较小时，易于形成网状缝。

③ 剖面最小主应力大小的分布特征。最小主应力在剖面上的大小是变化的,压裂时,一般选择在上下均有较高应力值之间的地应力值段内进行,这样可以有效地控制缝高,防止裂缝穿层。

(6)岩石力学参数

页岩油气储层的弹性模量、泊松比、抗张、抗剪、抗压强度等指标直接影响压裂效果,需要通过实验测试或地球物理学手段获取。其中应力-应变实验结果也可以用来判断储层的脆性。

(7)保存条件

含气页岩层段的价值不但与含气页岩层段自身的各项指标有关,页岩气能否有效保存至今并有经济价值,还与保存条件有关。因此,在含气页岩层段分析时,还要涉及以下几个方面: ① 上覆区域、局部盖层的封盖能力;② 含气页岩层段的底板条件;③ 顺层断层、穿层断层的破坏;④ 以上保存条件与生排烃史的配合。

(8)开发条件

含气页岩层段的开发条件分析涉及方面很多。在进行典型含气页岩段解剖时,首先分析含气页岩层段的脆性指数,当岩石有机碳含量较高时,要将有机碳成分考虑在内,否则会导致脆性指数偏高,影响对含气页岩层段可压性整体评价结果。其次进行地应力分析,地应力场特征、应力差、含气页岩层段裂缝和层理发育特征、储层岩石力学特征等影响压裂裂缝延展特征。第三,进行含气页岩段顶底板分析,分析其对压裂裂缝缝高的控制能力以及含水性等特征,确定含气页岩层段顶底板对页岩气开发的正面、负面作用。

### 3. 含油气页岩层段确定

首先,通过剖面上 TOC 含量初步确定含油气页岩层段的连续厚度,总体要求 TOC 含量平均大于一定值,如大于 2.0%,具体值取决于含油气页岩的含油气性,将典型剖面的含油气性与 TOC 含量结合进行划分,一般情况下,含油气页岩层段的含气量、含油率高时,TOC 含量可以放宽,如果缺少含气量、含油率指标,或指标不系统时,TOC 含量取 2.0% 来划分含油气页岩层段。

其次,初步划分了含油气页岩层段后,结合岩石矿物和孔渗指标的剖面分布特征,进一步分析划分含油气页岩层段。并结合含气页岩段合盖层发育情况、顶底板特征进一步分析其开发前景。

### 3.8.3 　　　潜在含油气页岩发育规模与页岩油气远景发育区确定

#### 1. 剖面分析

通过对研究区同一含油气页岩层段的多个剖面的分析,建立含油气页岩层段对比剖面,掌握含油气页岩层段的形成环境、空间变化规律,初步确定页岩油气发育潜在地区。

#### 2. 分布面积分析

在剖面对比分析基础上,将含油气页岩层段的厚度、埋深、TOC 含量、$R_o$、含气量、脆性指数、埋深等进行平面作图,得到各参数的平面分布图,在此基础上,进一步分析其平面变化特征,分析其发育规模,确定页岩气远景发育区。

## 3.9 　　　页岩油气调查井实施经验

页岩油气调查井是开展新区页岩油气资源潜力调查的重要手段。在开展全国页岩油气资源潜力调查评价及有利区优选工作中,部署实施了多口页岩气调查井,其中的渝页 1 井为我国首口页岩气资源调查井,该井的成功实施,直接获取了志留系龙马溪组页岩气气样,证实了龙马溪组的普遍含气性;岑页 1 井的成功实施,证实了上扬子东南斜坡区牛蹄塘组的含气性以及顶底板条件,为牛蹄塘组的进一步勘探提供了基础依据。页岩油气资源调查井的实施,也积累了一定的经验。

### 3.9.1 　　　地质综合研究,初选有利区

首先收集分析研究区的各项地质资料,明确主要目标层位,通过野外剖面资料、以

往钻探资料和研究成果,分析目标层位的基本特征,包括有机质类型、含量、热演化程度等,目标层厚度、埋深等,并编制剖面图和平面图等基础图件,通过多因素叠合,初步优选有利区。

### 3.9.2　初选页岩气地质调查井井位,实施地震勘探

初步优选的有利区内,结合地质综合分析,初步确定拟钻探的位置,并围绕初步确定的钻探位置,部署十字形或井字形二维地震测线。通过地震勘探结果,结合地质认识,部署调查井井位。

如果以往地质工作较扎实,地层变化不大,构造改造不强,且调查井深度在 $1.15 \times 10^4$ m 以浅,可以通过地质分析确定井位。

### 3.9.3　根据钻探目的,确定钻探井型

(1)以摸清有利区底层结构和目标层岩石、矿物、有机地球化学、含油气性和可压性为目的的页岩气地质调查井,可以采用目标层钻孔直径不小于 90 mm 的绳索取芯钻井工艺。井身结构可以为二开结构,如果开孔为基岩,可以考虑一开结构,但要确保目标层岩心直径大于 60 mm。

(2)以获得页岩气气流为目的的地质调查井,因需要压裂和试采,要按照压裂试采工艺要求进行钻完井设计。具体参照石油行业标准进行,目标层也要进行取芯。

(3)以求取产能为目的实施的直井及水平井,一般按分段压裂要求进行钻完井设计。

一般情况下,当目标层厚度大或埋深较浅(垂直主应力为最小主应力)时,采用直井进行压裂试采,求取产能;当深度较大时,最小主应力变为水平状态,一般采用水平井进行多段压裂试采,求取产能。

### 3.9.4  加强钻井实施效果评价，及时总结经验教训

地质认识是循序渐进的，钻井资料对提高调查区的地质认识十分关键。钻井获取的岩心、岩屑以及油气水资料，测井和压裂试采信息，分析测试资料等；对进一步认识调查区页岩气地质特征、资源特征和勘查开发前景十分重要。因此，要十分珍惜由每口页岩气地质调查井所获取的各类型资料，首先要对资料进行系统整理和妥善保管，并及时开展分析研究，不断提高勘查区的地质认识程度，进一步指导勘查工作部署。

中国页岩气
发育主要
层位和地区

## 4.1　　　我国主要烃源岩层系发育特征

烃源岩是页岩油气形成富集的基本目标层位,在我国陆域,自元古界以来烃源岩广泛发育,具备页岩油气形成富集物质基础。

我国规模化油气勘探已经进行了几十年,施工油气探井 4 万余口。针对烃源岩层系开展了大量的地质研究工作,对烃源岩层系的发育层位及其有机地球化学特征有较为深入的了解,但在开展页岩气资源调查评价和勘探开发研究前,对其岩石和矿物特征、孔渗特征研究甚少,含气性特征基本没有研究。

从油气烃源研究成果看,我国烃源岩发育层位多、类型多、分布广。烃源岩自元古界至新生界均有发育,有海相、海陆过渡相、陆相(湖相和湖沼相)多种烃源岩类型,烃源岩在我国陆域的分布面积超过 $200 \times 10^4$ km²。

我国陆域烃源岩层系的发育层位及分布区基本明确。扬子、华北、西北地区的烃源岩发育特征不尽相同,总体上均具备页岩油气形成的基本条件。

1. 扬子地区烃源岩

在扬子地区,特别是上扬子地区,主要发育有震旦系陡山坨组、寒武系牛下寒武统底部的蹄塘组及相当层位、上奥陶统五峰组-下志留统龙马溪组、泥盆系火烘组等海相烃源岩层系。海相烃源岩具有厚度大、分布稳定、有机碳含量高、热演化程度高等特点,已进入干气阶段。部分海相烃源岩热演化程度过高,基本不再生气,其含气性主要取决于已生成天然气是否得到有效保存,因此这类过成熟烃源岩的页岩气前景主要取决于保存条件。

石炭系旧司组、打屋坝组等,二叠系小江边组、梁山组、龙潭组等,为海陆过渡相烃源岩层系。其中一部分烃源岩以泥页岩为主,如旧司组、打屋坝组、小江边组等,具有厚度大、有机碳含量较高、热演化程度较高、干酪根类型偏腐殖型、分布较为稳定等特点,分布面积与海相页岩相比有明显减小。另一部分海陆过渡相烃源岩主要为煤系地层,包括梁山组、龙潭组等,煤系地层烃源岩特点是泥页岩层单层厚度小、有机碳含量变化大、热演化程度较高、干酪根类型偏腐殖型,这部分海陆过渡相烃源岩与煤层、致密砂岩层等互层产出。

三叠系须家河组等、侏罗系自流井组、千佛崖组,白垩系泰州组,古近系新沟嘴组等烃源岩为湖相烃源岩,烃源岩厚度大,薄夹层多,有机碳含量、干酪根类型、夹层发育程度等与沉积相横向相变关系密切;在深湖、半深湖,烃源岩有机碳含量总体较高、偏腐殖型干酪根发育、夹层少;在浅湖、滨浅湖,有机碳含量波动大、偏腐殖型干酪根发育。湖相烃源岩热演化程度总体不高,处于生油窗至湿气阶段(表4-1)。

表4-1 中国南方地区富有机质泥页岩分布层位

| 层　　系 | | | 含油气层段厚度/m | 油气显示 | 分　布 | 沉积环境 |
|---|---|---|---|---|---|---|
| 新生界 | 潜江组 | | 45~190 | 工业油气流 | 江汉 | |
| | 新沟嘴组 | | 25~70 | | | |
| | 阜宁组 | 阜四段 | 30~90 | 工业油气流 | 苏　北 | |
| | | 阜二段 | 30~90 | | | |
| 中生界 | 泰州组($K_2$) | 泰二段 | 30~70 | 录井显示 | | 湖　相 |
| | 千佛崖组($J_2$) | 二　段 | 30~80 | | 四川盆地 | |
| | | 一　段 | 20~40 | | | |
| | 自流井组($J_1$) | 大安寨 | 30~60 | 工业油气流 | | |
| | | 马鞍山 | 20~60 | 岩心解析气 | | |
| | | 东岳庙 | 30~100 | | 四川盆地 | |
| | 须家河组($T_3$) | 须5段 | 30~120 | 工业油气流 | | |
| | | 须3段 | 30~40 | | | |
| | | 须1段 | 11~55 | 录井显示 | | |
| 上古 | 安源组($T_3$) | | 30~50 | 岩心解析气 | 萍　乐 | 湖沼相 |
| | 乐平组($P_2$) | 老山段 | 25~40 | 岩心解析气 | 萍　乐 | 海陆过渡相 |
| | 龙潭组、大隆组($P_2$) | | 10~125 | 工业气流 | 四川盆地、湘黔桂、湘中 | |
| | 小江边组($P_2$) | | 20~30 | 岩心解析气 | 萍　乐 | |
| | 梁山组($P_1$) | | 10~45 | 岩心解析气 | 上扬子及滇黔桂 | |
| | 大塘阶测水段($C_1d_2$) | | 25~45 | 岩心解析气 | 湘中 | |
| | 打屋坝组/旧司组($C_1$) | 下　段 | 20~60 | | 滇黔桂 | |
| | 佘田桥组($D_{3s}$) | | 30~50 | | 湘　中 | 海　相 |
| | 棋梓桥组($D_{2q}$) | | 25~45 | | | |
| | 罗富组($D_2$) | | 10~40 | | 湘黔桂 | |
| | 塘丁组($D_1$) | | 20~40 | | | |

（续表）

| 层　系 | | 含油气层段厚度/m | 油气显示 | 分　布 | 沉积环境 |
|---|---|---|---|---|---|
| 下古 | 五峰组-龙马溪组($O_3-S_1$) 龙马溪组下段 | $20 \sim 120$ | 工业气流 | 上扬子板块 | 海相 |
| | 变马冲组 $\epsilon_1$　一　段 | $20 \sim 60$ | 岩心解析气 | 上扬子板块东南缘 | |
| | 牛蹄塘组 $\epsilon_1$　下　段 | $0 \sim 100$ | 工业气流 | 扬子板块及周缘 | |
| 震旦系 | 陡山坨组 Zn | $10 \sim 40$ | 无 | 上扬子板块东部及南部 | |

**2. 华北、东北地区烃源岩**

华北、东北地区海相烃源岩总体不发育,仅在河北地区的元古界下马岭组、铁岭组和鄂尔多斯盆地西部奥陶系存在。华北、东北地区的主要烃源岩为华北地区石炭-二叠系海陆过渡相烃源岩,松辽、渤海湾、鄂尔多斯盆地新生界湖相烃源岩,以及众多含煤盆地内的湖沼相烃源岩。

石炭-二叠系海陆过渡相烃源岩主要发育在石炭系本溪组和太原组、二叠系的三系组和下石河子组,烃源岩形成于潜水沉积环境,原始有机质以偏生气的腐殖型干酪根为主,具有单层厚度小,横向变化大,累计厚度大,热演化程度较高等特点。与泥质粉砂岩、粉砂质泥岩、泥页岩及煤层的频繁互层,常可形成页岩气与煤层气及致密气、甚至常规储层气的共伴生。

鄂尔多斯盆地延长组、松辽青山口组和嫩江组、渤海湾盆地沙河街组沙三、沙四段烃源岩形成于大型湖盆环境,从深湖向半深湖、滨浅湖方向,烃源岩沉积厚度逐渐减小,有机质类型从腐泥型递变为腐殖型,有机碳含量从高到低,主要形成页岩油、页岩油气和页岩气。

华北东北地区还发育有大量的中新生界含煤盆地、盆地群,伴生有大量的湖相、湖沼相烃源岩层系发育。目前对这些烃源岩层系的页岩油气前景研究较浅显,有待进一步加深研究(表4-2)。

**3. 西北地区烃源岩**

西北地区主要发育古生界海相以及上古生界、中生界、新生界陆相烃源岩。古生

表4-2 中国华北-东北地区富有机质泥页岩分布层位

| 层 系 | | | 含油气层段厚度/m | 油气显示 | 分布 | 沉积环境 |
|---|---|---|---|---|---|---|
| 新生界 | 核桃园组（E） | 6 号页岩层 | 71 | 工业油气流 | 南 襄 | |
| | | 5 号页岩层 | 73 | | | |
| | | 3 +4 号页岩层 | 75 | | | |
| | | 2 号页岩层 | 79 | | | |
| | | 1 号页岩层 | 55 | | | |
| | 东营组 | 东一段 | 40 ~ 60 | 录井显示 | 渤海湾 | |
| | 沙河街组（E） | 沙一段 | 50 ~ 100 | 录井显示 | | |
| | | 沙三段 | 50 ~ 150 | 工业油气流 | | |
| | | 沙四段 | 40 ~ 90 | | | |
| | 孔店组（E） | 孔二段 | 30 ~ 50 | 录井显示 | | |
| 中生界 | 嫩江组（K₂） | 嫩二段 | 30 ~ 45 | 工业油气流 | 松 辽 | 陆 相 |
| | | 嫩一段 | 30 ~ 50 | 录井显示 | | |
| | 青山口组（K₂） | 青一段 | 30 ~ 60 | 工业油气流 | | |
| | 营城组（K₁） | 营一段上 | 30 ~ 90 | 岩心解析气 | | |
| | | 营一段下 | 30 ~ 80 | 岩心解析气 | | |
| | 沙河子组（K₁） | 沙二段 | 30 ~ 60 | 录井显示 | 辽 西 | |
| | 九佛堂组（K₁） | 上 段 | 40 ~ 80 | | | |
| | | 下 段 | 50 ~ 90 | | | |
| | 穆棱组（K₁） | | 30 ~ 70 | | 鸡西、勃利 | |
| | 城子河组（K₁） | 一 段 | 30 ~ 80 | | | |
| | 赛罕塔拉组 | 下 部 | 30 ~ 50 | | 二 连 | |
| | 腾格尔组 | 中上部 | 40 ~ 60 | | | |
| | 大磨拐河组一段 | 下 部 | 40 ~ 60 | | 海拉尔 | |
| | 南屯组二段 | 下 部 | 30 ~ 50 | | | |
| | 南屯组一段 | 上 部 | 30 ~ 50 | | | |
| | 延长组（T₃） | 长 4 +5 段 | 10 ~ 30 | 工业气流 | 鄂尔多斯 | |
| | | 长 7 段 | 10 ~ 30 | | | |
| | | 长 9 段 | 10 ~ 25 | | | |
| 上古生界 | 下石河子组（P₂） | | 15 ~ 40 | 岩心解析气 | 华北板块 | 海陆过渡相 |
| | 山西组（P₂） | | 10 ~ 35 | 岩心解析气 | 华北板块 | |
| | 太原组（P₁） | | 10 ~ 30 | | | |
| | 本溪组（C₃） | | 10 ~ 25 | | 华北板块 | |

（续表）

| 层　　系 | | 含油气层段<br>厚度/m | 油气显示 | 分　布 | 沉积环境 |
|---|---|---|---|---|---|
| 下古<br>生界 | 平凉组（$O_2$） | 12～65 | 录井显示 | 鄂尔多斯<br>盆地西部 | 海　相 |
| 中<br>新<br>元<br>古<br>界 | 洪水庄 | 20～30 | | 华北板块<br>东北部 | |
| | 铁　岭 | 20～40 | | | |
| | 下马岭 | 20～50 | | | |

界海相烃源岩主要发育在塔里木盆地的寒武系中下寒武统、奥陶系中下奥陶统和石炭系下石炭统,其他地区不发育。塔里木盆地海相烃源岩普遍埋深较大,仅在盆地边部埋深小于 4 500 m,有利于页岩气勘探开发的面积较小。中下寒武统埋深小于 4 500 m 的有利区面积仅为 2 600 km$^2$ 左右,中下奥陶统有利区面积仅为 3 800 km$^2$,下石炭统有利区面积仅为 1 000 km$^2$。

　　上古生界陆相烃源岩在西北地区广泛发育。包括三塘湖盆地、准噶尔盆地、柴达木盆地石炭系,准噶尔盆地二叠系下二叠统风城组、准噶尔、三塘湖、吐哈盆地中二叠统芦草沟组,准噶尔盆地上三叠统白碱滩组、伊犁坳陷上三叠统小泉沟群、塔里木盆地三叠系。侏罗系主要为西北地区各盆地广泛分布的三工河组、八道湾组和西山窑组烃源岩,其中八道湾组分布最为广泛。白垩系烃源岩主要分布在酒泉、花海和六盘山盆地,一般发育 2～3 个层系。古近系烃源岩主要发育在柴达木盆地,以下干柴沟组为主(表4-3)。

| 层　　系 | | 含油气层段<br>厚度/m | 油气显示 | 分　布 | 沉积环境 |
|---|---|---|---|---|---|
| 新<br>生<br>界 | 下干柴沟组（E）　三段 | 30～90 | 录井显示 | 柴达木 | 陆　相 |
| | 二段 | 30～110 | | | |
| | 一段 | 30～70 | | | |
| 中<br>生<br>界 | 乃家河组（$K_1$） | 20～60 | | 六盘山 | |
| | 马东山组（$K_1$） | 20～60 | | | |
| | 中沟组（$K_1$） | 20～70 | | 酒泉、花海 | |
| | 下沟组（$K_1$） | 20～80 | | | |

表4-3　中国西北地区富有机质泥页岩分布层位

（续表）

| 层　系 | | 含油气层段厚度/m | 油气显示 | 分　布 | 沉积环境 |
|---|---|---|---|---|---|
| 中生界 | 赤金塔组（$K_1$） | 40～80 | | 酒　泉 | 陆　相 |
| | 窑街组（$J_2$） | 40～100 | | 民　和 | |
| | 恰克马克组（$J_2$） | 10～45 | | 塔里木 | |
| | 克孜勒努尔组（$J_2$）下段 | 20～100 | | | |
| | 西山窑组（$J_2$） | 20～30 | | 吐哈、焉耆 | |
| | 青土井群、新河组（$J_2$）二段 | 20～60 | | 雅布赖、潮水 | |
| | 大煤沟组（$J_2$） | 30～80 | 岩心解析气 | 柴达木 | |
| | 小煤沟组（$J_1$） | 30～90 | | | |
| | 三工河组（$J_1$） | 20～30 | | 焉　耆 | |
| | 八道湾组（$J_1$） | 30～50 | 录井显示 | 准噶尔、吐哈、焉耆 | |
| | 杨霞组（$J_1$） | 10～50 | | 塔里木 | |
| | 白碱滩组（$T_3$） | 20～40 | 录井显示 | 准噶尔 | |
| | 黄山街组（$T_3$） | 20～40 | | 塔里木 | |
| | 小泉沟群（$T_{2+3}$） | 20～45 | | 伊　犁 | |
| | 克拉玛依组（$T_{2+3}$） | 30～80 | | 塔里木 | |
| 上古生界 | 桃东沟群（$P_2$） | 10～40 | 录井显示 | 吐　哈 | |
| | 铁木里克组（$P_2$） | 20～45 | 录井显示 | 伊　犁 | |
| | 芦草沟组（$P_2$） | 30～110 | 工业油流 | 准噶尔、三塘湖 | |
| | 阿木山组（$P_1$） | 20～40 | 录井显示 | 银-额 | |
| | 风城组（$P_1$） | 10～50 | | 准噶尔 | |
| | 哈尔加乌组（$C_3$）上段 | 30～120 | 录井显示 | 三塘湖 | 海　相 |
| | 哈尔加乌组（$C_3$）下段 | 30～100 | | | |
| | 克鲁克组（$C_3$） | 30～90 | | 柴达木 | |
| | 卡拉沙依组（$C_3$） | 10～50 | | 塔里木 | |
| | 什拉甫（$C_1$） | 10～40 | 无 | 塔里木 | |
| 下古生界 | 黑土凹组（$O_{1+2ht}$）、统萨尔干组（$O_2$） | 10～60 | | 塔里木 | |
| | 玉尔吐斯组（西山布拉克组）、西大山组（$\epsilon_{1+2}$） | 20～120 | | | |

## 4. 青藏地区烃源岩

青藏地区主要发育中生界海相烃源岩和新生界陆相烃源岩。中生界海相烃源岩主要发育在羌塘盆地,包括肖茶卡组、夏里组和索瓦组等,岗巴定日盆地的岗巴东山组和察切拉组,均见油苗显示。新生界陆相烃源岩主要发育在伦坡拉等新生界陆相盆地内,如伦坡拉盆地丁青湖组等(表4-4)。

表4-4 中国青藏地区富有机质泥页岩分布层位

| 层　　系 | | 含油气层段厚度/m | 油气显示 | 分布 | 沉积环境 |
|---|---|---|---|---|---|
| 新生界 | 丁青湖组 | 30～80 | 探井油气显示 | 伦坡拉 | 陆　相 |
| 中生界 | 察切拉组 | 30～40 | 油　苗 | 岗巴定日 | 海　相 |
| | 岗巴东山组 | 30～50 | | | |
| | 索瓦组 | 40～80 | 油　苗 | 羌塘 | |
| | 夏里组 | 70～150 | | | |
| | 肖茶卡组 | 80～200 | | | |

## 4.2　　　中国海相页岩分布及页岩油气勘探进展

中国海相页岩发育和分布广泛,层位上集中出现在古生界,在前寒武纪和中生界也有发育。由于受到中生代以来全球性区域性板块运动影响,古生界海相页岩地层在许多地区被改造、隆升并遭受剥蚀。南方地区形成了近地表埋藏及大面积暴露的古生界暗色泥页岩;在构造相对稳定的塔里木盆地则深埋于盆地深部。海相页岩层系主要有华北地区新元古界的下马岭组、铁岭组和洪水庄组,上扬子地区震旦系陡山坨组,南方地区下寒武统牛蹄塘组及相当层位,塔里木盆地中下寒武统玉尔吐斯组(西山布拉克组)、西大山组等,塔里木盆地奥陶系黑土凹组、萨尔干组,鄂尔多斯盆地奥陶系平凉组,南方地区上奥陶五峰组及下志留统龙马溪组,湘黔桂地区泥盆系塘丁组、罗富组,湘中地区泥盆系棋梓桥组、佘田桥组,塔里木盆地石炭系什拉甫组,滇黔桂地区石炭系打屋坝组、旧司组(表4-5)。青藏地区海相页岩主要发育在三叠系土门塔拉组,侏罗系曲色组、索瓦组和白垩系岗巴东山组、察切拉组。

表4-5 海相含气页岩层系分布区统计表

| 层 系 | | 含油气层段厚度/m | 油气显示 | 分 布 |
|---|---|---|---|---|
| 上古生界 | 打屋坝组、旧司组(C₁) | 20～60 | 岩心解析气 | 滇黔桂 |
| | 什拉甫组(C₁) | 10～40 | 无 | 塔里木 |
| | 佘田桥组(D₃ₛ) | 30～50 | | 湘中 |
| | 棋梓桥组(D₂q) | 25～45 | | |
| | 罗富组(D₂) | 10～40 | | 湘黔桂 |
| | 塘丁组(D₁) | 20～40 | | |
| 下古生界 | 五峰组-龙马溪组(O₃-S₁) | 20～120 | 工业气流 | 上扬子板块 |
| | 平凉组(O₂) | 12～65 | 录井显示 | 鄂尔多斯盆地西部 |
| | 黑土凹组(O₁₊₂ht)、萨尔干组(O₂) | 10～60 | | 塔里木 |
| | 玉尔吐斯组(西山布拉克组)、西大山组(∈₁₊₂) | 20～120 | | |
| | 变马冲组 ∈₁ | 20～60 | 岩心解析气 | 上扬子板块东南缘 |
| | 牛蹄塘组 ∈₁ | 0～100 | 工业气流 | 扬子板块及周缘 |
| 震旦系 | 陡山坨组 Zn | 10～40 | 无 | 上扬子板块东部及南部 |
| 中新元古界 | 洪水庄组 | 20～30 | | 华北板块东北部 |
| | 铁岭组 | 20～40 | | |
| | 下马岭组 | 20～50 | | |

## 1. 南方地区海相页岩

扬子地区主要发育震旦系陡山坨组、下寒武统牛蹄塘组及相当层位、变马冲组、上奥陶统五峰组-下志留统龙马溪组(以下简称龙马溪组)、中下泥盆统、下石炭统打屋坝组(旧司组)及相当层位、小江边组等海相富有机质页岩。其中,下寒武统富有机质页岩分布最广,龙马溪组次之;下石炭统富有机质页岩页岩在滇黔桂和萍乐坳陷较为发育,中泥盆统富有机质页岩页岩主要发育在黔南桂中坳陷;陡山坨组页岩主要发育在黔北和湘鄂西地区。

（1）下寒武统牛蹄塘组富有机质页岩

我国南方地区下寒武统暗色泥页岩广泛发育于扬子岭和滇黔北部地区的次深海-深海沉积相区，平面上主要分布在扬子克拉通及周缘，包括川南、川东南、川东北、滇东、黔北、黔西北、黔东南、湘鄂西-渝东、中扬子、下扬子等。

其中上扬子区黔北岩背岭-三穗、渝东南默戎、大巴山前缘的城口大枞、大渡溪一带厚度最大，为三个明显的沉积中心，其中渝东南默戎一带富有机质页岩厚度最大可达 246.0 m。该套页岩除川渝黔鄂先导试验区东部局部地区暴露剥蚀外，大面积深埋地下，四川盆地南部地区埋深 1 500～4 500 m，黔北地区埋深 500～4 000 m，黔中地区埋深 1 500～3 500 m，渝东南地区埋深 1 500～3 000 m。

根据岑页 1 井、酉科 1 井、威 001－4、001－2、201 等井含气量测试结果，上扬子牛蹄塘组含气量集中在 1.0～4.0 $m^3/t$，平均 1.9 $m^3/t$。从目前的钻探结果看，在 1 000 m 以浅，牛蹄塘组的含气性较差，解析气量较小，解析气的烃类含量偏低，$N_2$、$CO_2$ 比例升高；1 000 m 以深，含气量总体升高显，气体成分中，烃类气体含量上升。

含气量大小还与有机质热演化程度、盖层发育及分布以及构造稳定程度有密切关系。牛蹄塘组的 $R_o$ 值普遍大于 2.5%，牛蹄塘组在大部分地区已过产气高峰，含气量主要取决于已生成页岩气的保存条件。四川盆地发育有龙马溪组及以上多套盖层的地区，且构造改造程度不高，牛蹄塘组含气量普遍较好；上扬子东南部斜坡区在牛蹄塘组富有机质页岩之上普遍发育有近 300 m 的变马冲组和 600 m 以上的耙榔组，这两套地层泥页岩发育，具有很强的封盖能力，在构造相对稳定的地区，牛蹄塘组页岩含气性较高。而黔北地区牛蹄塘组上部的泥页岩盖层发育较差，在 1 500 m 以浅的含气性普遍偏小。

下寒武统牛蹄塘组的页岩气勘探在四川盆地南部已经取得突破，威远地区的威 201 井，威 201－$H_3$ 井、犍为地区的金页 1 井等均获得了页岩气工业气流。

另外，黔西北方深 1 井、黔东南黄页 1 井、岑页 1 井获得页岩气气流，酉科 1 井等多口井岩心解析获得页岩气显示。

（2）下志留统龙马溪组页岩

龙马溪组富有机质页岩主要集中在上扬子的川南及渝东鄂西地区（图 4－1）。另外，滇东地区也有分布，但研究程度偏低；而下扬子地区主要分布在苏北盆地及皖南-苏南的沿江地区，为一套粉砂质页岩、粉砂岩与细砂岩组成的韵律层有机碳含量普遍

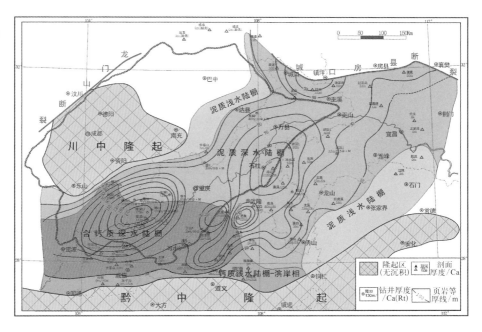

图4-1
上扬子龙马
溪组分布

小于1.0%,在此不作介绍。

龙马溪组富有机质页岩主要在上扬子川南和渝东鄂西两个明显的沉积中心,富有机质页岩厚度20~100 m,埋深0~5 000 m。

根据道页1井、渝页1井、彭页1井、威201井、宁201井等的岩心含气量测试结果,上扬子龙马溪组含气量集中在1.0~4 m³/t,平均2.3 m³/t。

从钻探结果看,龙马溪组在500 m以深,岩心含气量就可达到1.0 m³/t以上,且解析气以烃类气体为主,$N_2$、$CO_2$含量很低。另外,在四川盆地内部的威远、长宁、抚顺-永川等地区,龙马溪组还普遍存在超压,超压最大达到2.0 MPa。

龙马溪组页岩气勘探在四川盆地南部、东部已经取得成功,威远-长宁、昭通、富顺-永川、涪陵焦石坝、彭水等已取得勘探突破。在威远-长宁、昭通、涪陵焦石坝已经开始进行页岩气开发的水平井组建设,并形成了页岩气规模化产能。

(3) 南方上古生界海相富有机质页岩

南方地区在上古生界泥盆系、石炭系、二叠系还发育有多套海相富有机质页岩,这些海相富有机质页岩的研究程度和勘探程度较低。

泥盆系页岩主要分布在南盘江坳陷、黔南-桂中坳陷、十万大山盆地。其中下泥盆统塘丁组黑色泥页岩主要分布在南盘江坳陷、桂中坳陷和十万大山盆地。页岩厚度为20～300 m不等,变化较大。中泥盆统黑色泥页岩主要分布在黔南-桂中坳陷及南盘江地区,页岩厚度为30～500 m,变化较大,沉积中心最大厚度达到700 m。

上扬子及滇黔桂地区石炭系黑色泥页岩主要分布于桂中坳陷和黔南坳陷、黔西北六盘水地区,主要位于下石炭统打屋坝组(岩关组、旧司组),厚达50～500 m。

由贵州省页岩气资源调查评价项目结果可知:下石炭统旧司组埋深在650 m以深的岩心解析含气量为0.5～2.3 m³/t,以烃类气体为主,达到了页岩气开发所需含气量下限。从目前的钻探结果看,下石炭统旧司组在700 m以深的含气量可以达到1.0 m³/t。对于旧司组的上覆盖层中碳酸盐岩发育、岩溶和裂缝发育及保存条件则需要进一步研究。

萍乐坳陷中二叠统小江边组富有机质泥页岩主要为黑色碳质页岩,夹有砂岩,少量硅质岩及凸镜状含燧石结核灰岩。小江边组在整个萍乐坳陷地区分布稳定,其中安福县境内厚度变化不大,介于50～350 m,最厚达400 m。埋藏深度为300～4 000 m。小江边组的研究程度总体很低,江西省正在开展全省页岩气资源调查评价工作,提高其勘探程度。

针对南方上古生界海相页岩气勘探工作刚刚起步,调查评价程度也不够深入。贵州省页岩气资源调查评价项目实施的页岩气调查井获取了一部分含气性资料数据,但还不能系统说明其页岩气资源前景,还需要进一步加强研究,加强调查评价,进一步明确其基本特征和勘探前景。

2. 塔里木及华北板块海相页岩

塔里木盆地下古生界,集中分布在塔里木盆地满加尔坳陷及周缘地区和塔西南地区,在层位上主要发育在寒武系、奥陶系和石炭系地层中。鄂尔多斯盆地海相富有机质页岩页岩主要发育在盆地西部下古生界奥陶系地层中,富有机质页岩在盆地西部呈南北向展布。华北板块北部海相富有机质页岩主要发育在中-新元古界下马岭组、铁岭组、洪水庄组,主要在辽西和河北北部分布。

(1)塔里木盆地海相页岩

在塔里木盆地海相富有机质页岩主要分布在满加尔坳陷及周缘和上奥陶统。下寒武统富有机质页岩厚度 10~100 m,上奥陶统富有机质页岩厚度 10~60 m。埋深 4 500 m 以浅的页岩主要分布在塔里木盆地东部,主要是北部坳陷和中央隆起带的东部,在塔西北也有一部分发育,北部坳陷的阿瓦提凹陷。

下寒武统富有机质页岩岩性主要为含磷硅质岩、黑色页岩、碳质页岩,奥陶系富有机质页岩岩性为含笔石放射虫页岩、泥质灰岩和泥页岩。

(2)辽西地区中心元古界海相页岩

辽西地区中新元古界发育下马岭组、铁岭组、洪水庄组三套海相泥岩,目前韩 1、杨 1 井揭示的沉积环境由陆棚浅海变为闭塞海湾,沉积物以灰黑、灰绿色泥页岩为主,厚度 46~114 m,最厚达 184 m。中新元古界页岩的物性特征和含油气性的研究还有待进一步加强。

3. 青藏地区海相页岩

青藏地区自古生代以来开始形成海相页岩沉积,中生代海相页岩最为发育。具体可以识别出 3~4 套海相富有机质页岩层系,其矿物岩石特征、有机地球化学指标较为优越,具备形成页岩油气的物质基础。

其中羌塘盆地海相页岩,主要包括上三叠统肖茶卡组($T_3x$)、中侏罗统布曲组、夏里组、上侏罗统索瓦组。其中上三叠统肖茶卡组($T_3x$)为一套开阔台地-浅海大陆架相灰岩、砂泥页岩沉积。中侏罗统布曲组($J_2b$)为一套广海大陆架陆坡沉积,平面分布比较局限,主要分布在南羌塘坳陷中南部。中侏罗统夏里组($J_2x$)是一套以三角洲-滨岸、岛湖、潮坪相的砂泥岩为主的沉积,其沉积中心位于北羌塘坳陷中西部及南羌塘坳陷中部。上侏罗统索瓦组($J_3s$)为海退背景沉积,泥岩主要发育在盆地东部。另外,古生界热觉茶卡组泥页岩也有一定页岩气前景。青藏地区具有形成页岩油气的物质基础,需要进一步加强研究。

## 4.3　　　中国海陆过渡相页岩分布及页岩油气勘探进展

海陆过渡相富有机质页岩可以进一步划分为泥页岩型和泥页岩-煤层型两种

类型。

（1）泥页岩型

富有机质页岩为主，夹有其他碎屑岩等构成含气页岩层段，主要有滇黔桂地区下二叠统梁山组、华北地区下石河子组等。

（2）泥页岩-煤层型

泥页岩与煤层及其他碎屑岩、碳酸盐岩构成含气页岩层段，主要有南方地区龙潭组、北方地区本溪、太原、山西和下石河子组等。这类地层具有煤层气、页岩气、致密气共同产出的特点。在开采方面，煤层气的开采，因煤层相对岩层而言属于软岩层，当地应力较大时，压裂后，支撑剂很容易被煤岩包裹，裂缝闭合。因此，煤层气只能在较浅的部位实现经济有效开采，当深度较大时，煤层气难以有效开采。因此，在煤层气可开采深度范围内，如果页岩气、致密气也发育，可以实现煤层气、页岩气、致密气的三气合采；当深度较大，如超过 1 000 m 或 1 500 m（低阶煤偏软，高阶煤相对较硬），只能进行页岩气、致密气合采。

中国海陆过渡相页岩主要发育在上古生界，华北板块的石炭-二叠系，扬子-滇黔桂地区的二叠系，湖南、江西等地区的二叠系均有发育。

1. 下二叠统梁山组

主要分布在上扬子及滇黔桂地区，以黔西六盘水地区最为发育，在晴隆、六枝一带暗色页岩厚度为 30 ~ 300 m，其余地区厚度较薄，一般为 10 ~ 30 m。埋藏深度变化较大，最深可达 5 000 m，部分地区出露地表，大部分地区埋深在 1 000 ~ 3 000 m。

贵州省页岩气调查井岩心解析结果显示，梁山组下段泥页岩样品的解析气含气量为 1.527 ~ 3.955 m³/t，含气量较高，高值区出现在梁山组下部黑色页岩段。

梁山组的井下岩心物性参数测试还未完成，其页岩气分布区域和开发前景尚不明确。

2. 华北板块石炭-二叠系

华北板块石炭-二叠系广泛发育，是我国北方重要的含煤层系，也正在成为重要的天然气产层。其中泥页岩-煤层型含气页岩主要分布在沁水盆地、鄂尔多斯盆地、南华北盆地、渤海湾盆地深层，以及大同宁武等盆地。页岩常常作为煤层的顶底板出现，与煤层具有共生性。

沁水盆地自下石河子组至太原组可以划分出 7 段含气页岩层段：

（1）下一段泥岩（$P_1x^1$）：指下石河子组中部泥岩。厚度介于 11~32 m，主要为浅灰色泥岩，夹薄层砂岩。

（2）下二段泥岩（$P_1x^2$）：指下石河子组底部泥岩，即 $K_8$ 砂岩上部泥岩，在盆地内普遍发育，厚度在盆地内变化不大，为 8~38 m，主要为深灰色、灰黑色泥岩，夹薄层砂岩，偶有煤线出现。

（3）山一段泥岩（$P_2s^1$）：指山西组 3 号煤层顶部泥岩，位于 2 号煤及 3 号煤之间；该段泥岩在盆地中部、南部发育，北部地区 3 号煤上部砂岩居多；厚度在南部较厚，往北部逐渐变薄，为 3~21 m；主要为深灰色、灰黑色泥岩，多有炭质泥岩出现，夹薄层砂岩。

（4）山二段泥岩（$P_2s^2$）：指山西组 3 号煤及 $K_7$ 标志层砂岩之间泥岩，在盆地内普遍发育，厚度在盆地内变化不大，为 3~19 m；主要为深灰色泥岩，偶有炭质泥岩出现，夹薄层砂岩。

（5）太一段泥岩（$C_3t^1$）：指山西组 $K_7$ 标志层砂岩及太原组 $K_6$ 标志层灰岩之间泥岩，在盆地内普遍发育，厚度在盆地内变化不大，为 3~31 m；主要为深灰色泥岩、炭质泥岩，夹薄层灰岩、煤线。

（6）太二段泥岩（$C_3t^2$）：指太原组 9 号煤上部泥岩，在盆地内普遍发育，厚度为 4~9 m；主要为深灰色泥岩、炭质泥岩，夹薄层砂岩、煤线。

（7）太三段泥岩（$C_3t^3$）：指太原组 $K_2$ 标志层灰岩上部泥岩，在盆地内普遍发育，厚度为 4~15 m；主要为深灰色泥岩、炭质泥岩，夹薄层砂岩、煤线。

各层泥页岩的厚度普遍不大，如果含气量不高，单独开发页岩气的价值不大。气测录井显示，下石河子组下部的下二段、山西组上部山一段和太原组上部太一段泥页岩层气层显示较好，为气测有利层段。岩心解析结果显示，下石河子组下二段泥岩总含气量平均 1.26 m³/t；山一段泥岩总含气量均值 2.18 m³/t；山二段泥岩总含气量平均值 2.549 m³/t；太一段泥岩总含气量平均值 1.09 m³/t。

从以上各项指标可以看出，石炭—二叠系发育多段含气页岩层段，这在整个华北板块石炭—二叠系是普遍现象，其中鄂尔多斯盆地石炭—二叠系可以识别出 8 段，南华北、渤海湾深层等也具有类似特征。地球化学指标方面，华北板块北部和南部略有差异，但山西组的含气页岩段地球化学指标均较好,在含气性方面,山一段、二段泥岩也明显优于太原组和下石河子组。

华北板块石炭-二叠系页岩气的勘探开发刚刚起步,还面临许多需要探索的问题需要在勘探实践中解决。

3. 南方地区二叠系龙潭组

南方地区龙潭组分布广泛,在上扬子及滇黔桂地区,中下扬子、东南地区广泛分布,为南方地区主要煤系地层之一。

黔西北和黔西地区龙潭组富有机质页岩广泛发育,在黔西北地区以大方-息烽一线为沉积中心,最厚达 30～40 m,向南、向北厚度逐渐减薄。四川盆地上二叠统龙潭组厚度大致在 10 m 左右,较薄。湘中地区、萍乐坳陷,下扬子地区龙潭组及相当层位的富有机质页岩也有发育。其中萍乐坳陷为乐平组老山段视厚度达到约 547.66 m,顶部岩性主要为灰黑-黑色薄层状碳质泥岩与灰白色薄层状细粒石英砂岩互层;中部岩性主要为灰黑色薄层状碳质泥岩偶夹浅灰色极薄层状粉砂岩;底部岩性主要为灰黑-黑色薄层状含生物碎屑含碳泥岩。

黔西北和黔西地区龙潭组岩心解析结果均显示出,龙潭组富有机质页岩含气性较高,且在深度 500 m 以深就有明显的含气性。含气量总体为 $1.0～6.0\ m^3/t$,部分页岩样品的含气量在 $10.0\ m^3/t$ 以上,最大达到 $19.5\ m^3/t$。

龙潭组分布广,含气性高,但脆性矿物含量略低。目前,针对该目标层系的页岩气勘探开发还没有起步,需要将其作为南方页岩气勘探开发重点层系之一加以研究。

## 4.4　中国陆相页岩分布与页岩油气勘探进展

中国大量发育有陆相含油气盆地。其烃源岩主要形成于上古生界二叠系至新生界古近系,主要分布在含油气盆地和含煤盆地中。具体可进一步分为湖相页岩和湖沼相页岩两类。

湖相页岩主要分布在松辽、渤海湾、鄂尔多斯、四川、塔里木、准噶尔、吐哈、三塘湖、柴达木等大中型含油盆地的沉积中心附近。湖沼相页岩主要和中新生代含煤盆地相关,目前研究程度较低。

我国陆相含油气页岩主要发育在含油气盆地内,为我国主要的油气源岩层系。这些烃源岩层系的有机地球化学研究程度较高,但对其岩石组成、矿物成分的研究、储集物性的研究程度较低。在以往的油气勘探中,这些层系已经发现大量的油气显示,并且在局部地区获得过工业油气流。但由于认识的局限性,仅从泥岩裂缝油气藏角度进行了研究。

## 1. 四川盆地须家河组

四川盆地三叠系属河湖沼泽相含煤、含铁沉积,含气页岩主要发育在须一、须三和须五段,主要分布在四川盆地西部。

四川盆地须家河组须三段、须五段含气页岩已经取得页岩气勘探突破。其中元坝地区元 6 井在须三段经常规测试,获得日产 $2.05 \times 10^4$ $m^3$;新场地区新页 HF - 1 井、HF - 2 井针对须五段进行勘探,取得预期效果,HF - 1 井获得无阻流量 $14.33 \times 10^4$ $m^3/d$,HF - 2 井日产气 $3.5 \times 10^4$ $m^3$。

## 2. 四川盆地自流井组及千佛崖组

四川盆地侏罗系主要发育下侏罗统东岳庙段、马鞍山段、大安寨段及中侏罗统千佛崖组二段四套泥页岩层系。这四套含油气页岩脆性主要分布在四川盆地的中北部区域。

目前在下侏罗统自流井组顶部大安寨段、东岳庙段、中侏罗统千佛崖组已经有 30 多口井获得工业油气流,日产油 $0.3 \sim 121.5$ t,日产气 $0.03 \times 10^4 \sim 75 \times 10^4$ t。千佛崖组也见到良好的页岩气显示。展现出四川盆地侏罗系含 4 个油气页岩层段的良好开发前景。

## 3. 准噶尔盆地、三塘湖盆地芦草沟组

准噶尔、三塘湖盆地二叠系芦草沟组含油气页岩在两个盆地广泛分布,但埋深变化较大。准噶尔盆地的东部、三塘湖盆地北部埋深较为适中。

准噶尔、三塘湖盆地二叠系芦草沟组页岩油显示丰富。目前中石油在三塘湖盆地与壳牌开展区块合作,进行页岩油开发;在准噶尔盆地针对芦草沟组开展自主的页岩油开发试验。

**4. 准噶尔盆地三叠系白碱滩组**

有利区主要分布在盆地西北部。三叠系含气页岩层段发现了不同程度的气测异常显示,预示其具有一定的页岩气勘探前景,但工作程度不高,还需要进一步勘探和研究。

**5. 鄂尔多斯盆地延长组长 9、长 7、长 4 +5 段含油气页岩**

长 9、长 7、长 4 +5 段含油气页岩主要分布在鄂尔多斯盆地南中部,为盆地的主要油气源岩,长 7 段的发育程度最高。

盆地在麻黄山、下寺湾、富县、洛川、彬长和渭北区块长 7、长 8 段在录井中发现页岩油气显示,证明了陆相页岩油气的存在。

鄂尔多斯盆地延长组长 7、长 9 段含油气页岩层段已经有 30 多口井获得页岩油气工业油气流,展现出页岩油气良好的勘探开发前景,但单井油气产量偏低,还有待进一步开展技术攻关,提高单井产量。

**6. 松辽盆地青山口组、嫩江组**

青一段、嫩一、二段含油气页岩主要分布在松辽盆地中央坳陷区及周围,面积较大。青一段富有机质泥页岩层系厚度为 20 ~ 45 m,平均厚度 32 m。嫩一段富有机质泥页岩层系厚度为 13 ~ 24 m,平均厚度 18 m;嫩二段富有机质泥页岩层系厚度为 18 ~ 45 m,平均厚度 35 m。

青一段已有 7 口井获工业油气流,16 口井获低产油气流。如英 12 井在青一段产油 3.83 t/d、气 441 m$^3$/d;英 18 井在青一段产油 1.70 t/d、气 21 m$^3$/d;哈 16 井在青一段产油 3.931 t/d、气 606 m$^3$/d;古 105 井在青一段产油 1.49 t/d。

嫩二段已经有 10 口井获得了不同产量的工业油气流。其中,大庆油田"杏"字号井主要为生物成因的页岩油气。

**7. 松辽盆地下白垩统沙河子组、营城组**

松辽盆地发育有下白垩统沙河子组、营城子组 3 个含油气页岩层段,主要分布在松辽盆地的徐家围子断陷、梨树断陷、齐家古龙断陷等,断陷群内厚度为 50 ~ 500 m。其中沙河子组暗色泥岩层系具有断陷的"泥包砂"岩性组合,泥岩层多发育厚度不等的煤层,煤层厚度一般为 5 ~ 50 m,最厚 150 m,具有湖沼相页岩气典型特征。

梨树断陷 S$_2$ 井中营城组一段录井获得气测全烃 100%、甲烷 89.397% ,另外有多口探井的泥页岩层段中均发现了气测异常和气显活跃,显示了泥页岩油气的良好潜力。

中央构造带在沙河子组的暗色泥岩段钻遇高气测异常,全烃值高达 26%,测试获少量工业气流。

### 8. 渤海湾盆地沙河街组

渤海湾盆地新生界广泛发育湖相暗色泥岩,孔店组、沙河街组和东营组均有泥页岩发育,但时空展布存在差异。始新世发生三次较大规模的湖平面上升,形成了最大湖泛期的孔二段、沙四段上部和沙三段、沙一段为主力的生烃层位。其中沙三段沉积时水域面积最大、泥页岩厚度大、分布范围广,是渤海湾盆地最好的生油层系;沙四段泥页岩主要分布在济阳坳陷、下辽河坳陷和临清东濮凹陷;孔二段分布较局限,主要在黄骅坳陷南部和临清坳陷。目前已经在辽河坳陷、济阳坳陷等获得页岩油气流。

### 9. 南襄盆地核桃园组

南襄盆地核桃园组为主要含油气页岩层系,该层系纵向上页岩单井累计厚度大,泌 270 井最高达 620 m,泌 159 井 601 m,且单层净厚度大,分布范围广,其中泌阳凹陷页岩气主要分布在核三段 V 砂组到核三段 Ⅷ 砂组,可进一步划分出 6 个含油气页岩层段。南阳凹陷泥页岩主要发育段为核三段及核二段,可进一步划分出 4 个含油气页岩层段。含油气页岩层段主要分布在泌阳坳陷和南阳坳陷的沉积中心及周边。

泌阳凹陷安深 1 井、泌页 HF1 井共两口页岩油气探井获得工业油流;老井复查发现有 10 多口井从核二段、核三上、核三下泥页岩均见到显示,全烃值为 0.094% ~ 10.833%,显示段泥页岩厚度为 10 ~ 140 m。

南阳凹陷部分探井在泥页岩钻井过程中槽面有油花、气泡显示,其中有 1 口井测试日产油 2.58 t。

### 10. 塔里木盆地中生界

塔里木盆地中生界泥页岩层段主要发育在上三叠统和中下侏罗统。上三叠统黄山街组泥页岩厚度较大,横向连续性较好。有效泥页岩主要分布于库车坳陷和塔北-塔中地区,最大厚度位于库车坳陷-拜城凹陷-阳霞凹陷一带以及北部坳陷满加尔凹陷西部,最大厚度超过 70 m;向坳陷周边泥页岩厚度逐渐减薄。下侏罗统有效泥页岩组合单层厚度多介于 10～80 m,单层最大厚度可达 76.7 m,累计厚度多介于 30～200 m。中侏罗统有效泥页岩发育的单层厚度一般为 10～80 m,最大可达 499.51 m。累计厚度一般为 30～100 m。有效泥页岩主要分布于库车坳陷、塔西南地区及塔东地区。库车坳陷和塔西南地区下侏罗统泥页岩相对较厚,厚度中心位于库车坳陷-阳霞凹陷和喀什凹陷-叶城凹陷,最大厚度分别达 300 m 和 150 m,自凹陷中心向四周逐渐减薄,直至尖灭。中侏罗统有效泥页岩主要分布于库车坳陷、塔西南及塔东地区,最大累计厚度位于库车坳陷-阳霞凹陷,超过 300 m,其次为喀什-叶城凹陷,厚度超过 150 m,塔东地区相对较薄,最厚仅 50 m。

### 11. 柴达木盆地

柴达木盆地下侏罗统湖西山组有利泥页岩层段主要分布在柴北缘西段,可大致划分出两个含气泥页岩段。上部含气层段在冷湖构造带多口钻井有揭示,冷科 1 井最厚可达 190 m 左右,深 85、深 86 井为 60～70 m,预测在一里坪坳陷和昆特伊凹陷内,该含气泥页岩段厚度主要分布在 30～90 m。

柴达木盆地中侏罗统大煤沟组五段含气泥页岩段主要分布在苏干湖坳陷、鱼卡断陷、红山断陷、欧南凹陷和德令哈断陷,厚度主要介于 30～70 m;苏干湖坳陷中侏罗统页岩气有效层段厚度较大,可达 100 m 以上,分布面积较小。

古近系下干柴沟组有效泥页岩层段 1 主要分布在狮子沟和油砂山地区,最厚可达 70 m。下干柴沟组有效泥页岩层段 2 主要分布在狮子沟、油泉子和油砂山地区,最厚可达 110 m,主要集中在油砂山地区;下干柴沟组有效泥页岩层段 3 主要分布在油泉子和油砂山地区,最厚可达 90 m。上干柴沟组有效泥页岩层段 4 主要分布在狮子沟-油砂山地区,厚度最大可达 150 m。

我国陆相含油气盆地较多,其中的烃源岩层系发育情况千差万别,具体盆地的烃源岩发育情况在此不再作进一步介绍。

### 12. 海拉尔盆地

南屯组一段泥页岩层系主要分布在乌尔逊、贝尔凹陷,埋深为 600～3 600 m,在乌尔逊凹陷埋深较大,一般为 1 500～3 600 m,在贝尔凹陷该层系埋深多为 1 500～3 200 m。泥页岩厚度一般为 50～200 m,以乌尔逊凹陷南部和贝尔凹陷西部最为发育。

南屯组二段泥页岩层系也主要分布于乌尔逊、贝尔凹陷,埋深多为 1 000 ~ 3 200 m,该层系在乌尔逊凹陷埋深较大,一般为 1 300 ~ 3 000 m,在贝尔凹陷该层系埋深多为 1 200 ~ 2 900 m;泥页岩厚度一般为 50 ~ 300 m。

大磨拐河组一段泥页岩层系的厚层黑色泥岩夹泥砂岩在乌尔逊、贝尔凹陷均有分布,埋深主要介于 500 ~ 2 700 m;泥页岩层系厚度为 20 ~ 130 m,以 30 ~ 80 m 为主。

第 5 章

# 主要含油气
# 页岩层段特征

## 5.1 我国主要海相含气页岩层段特征

### 5.1.1 南方寒武系牛蹄塘组含气页岩层段

南方地区下寒武统下部广泛发育有一套富含有机质的泥页岩层系,如上扬子地区的牛蹄塘组、筇竹寺组、水井沱组、中下扬子的荷塘组等。页岩分布广泛,多口探井在这套页岩中勘探到天然气,其中四川盆地有威 201 井、金石 1 井等,并在该层位获得工业气流。

从目前的钻探结果看,在 1 000 m 以浅,牛蹄塘组的含气性较差,解析气量较小,解析气的烃类含量偏低,$N_2$、$CO_2$ 比例较高;1 000 m 以深,含气量总体升高,气体成分中,烃类气体含量上升。

1. 有机地球化学指标

从区域沉积环境看,川东−鄂西、川南及湘黔 3 个深水陆棚区页岩最发育,有机碳含量高,一般为 2%~8%,富有机质页岩厚度一般为 30~80 m,有机质为腐泥型,$R_o$ 主体为 2.0%~4.0%;在中下扬子地区,有机碳含量相对降低,有机质为腐泥型,$R_o$ 一般为 2.0%~3.5%,部分地区较高,达到 4.5%。

2. 含气性

根据岑页 1 井、酉科 1 井、威 001 − 4、001 − 2、201 等井含气量测试结果,上扬子牛蹄塘组含气量集中在 1.0~4.0 $m^3/t$,平均值为 1.9 $m^3/t$。

从牛蹄塘组有机碳含量以及含气性的剖面分布特征看,牛蹄塘组含气页岩的有利层段位于牛蹄塘组下部,厚度一般 30~50 m。该段的有机碳含量大于 2.0%,含气量为 1.0~4.0 $m^3/t$。

3. 岩矿特征

上扬子地区牛蹄塘组富有机质页岩层段主要由硅质岩、黑色泥岩、黑色页岩、炭质泥岩、炭质页岩、粉砂质泥岩、粉砂质页岩、泥质粉砂岩组成,总体由细粒岩石组合,并夹有碳酸盐岩透镜体。

上扬子地区牛蹄塘组富含有机质页岩的主要脆性矿物为石英,含量变化较大,为

16%~80%,平均值为43.4%;其次为长石,含量为2%~25%,平均值为9.5%;方解石和白云石含量为1%~17%,平均值为7%;另外还含有黄铁矿、石膏等。在剖面上,随着水体变浅,石英含量减少,碳酸盐矿物增加。

黏土矿物含量为16%~57%,平均值为37%。黏土矿物成分主要为伊利石和伊/蒙混层。伊利石含量为30%~83%,平均值为57%;伊/蒙混层含量为6%~69%,平均值为35%。另外还有高岭石、绿泥石和少量蒙皂石发育。

4. 储层物性

(1) 孔隙类型

主要为基质孔隙和裂缝双孔隙类型。基质孔隙主要包括残余原生孔隙、不稳定矿物溶蚀孔、黏土矿物层间孔和有机质孔隙等,其中黏土矿物层间孔和有机质孔隙是页岩储集空间的特色和重要组成部分,这是页岩储层与常规砂岩储层的显著区别。另外,牛蹄塘组页岩裂缝发育,包括充填缝和未充填缝。充填缝中的充填物主要为方解石、石英等,在充填物之间仍保留有大量裂隙空间。

(2) 孔喉分布特征

牛蹄塘组页岩样品孔喉直径均值一般为7~105 nm,样品孔喉直径分布频率为低于20 nm的样品占9.1%,20~50 nm的样品占69.7%,50~80 nm的样品占12.1%,80~110 nm的样品占9.1%,即直径小于50 nm的中小孔隙占78.8%,直径高于50 nm的大孔隙仅占21.2%,孔隙度主要分布于4%以下。渗透率在0.002 2~0.011 mD,平均0.006 4 mD(图5-1,图5-2)。

## 5.1.2　塔里木寒武系、奥陶系

中下寒武统泥页岩主要发育在塔里木盆地西部的玉尔吐斯组和盆地东部的西山布拉克组。西山布拉克组泥页岩累积厚度最大超过150 m。玉尔吐斯组泥页岩累积厚度为50~100 m。

下寒武统玉尔吐斯组泥页岩主要以炭质泥页岩为主,TOC含量为1.0%~22.39%,平均值为7.63%。

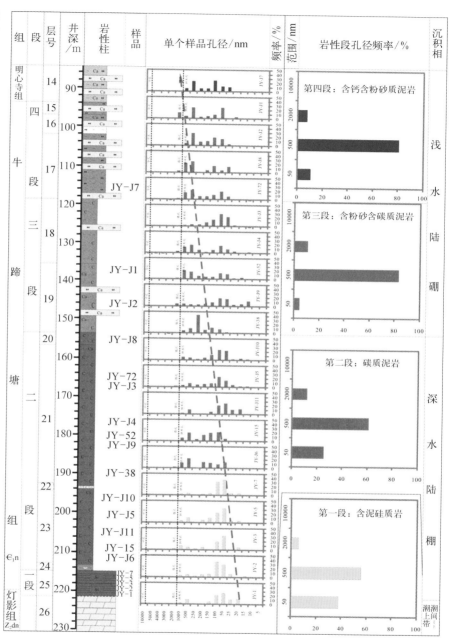

图5-1 上扬子牛蹄塘组含气页岩层段

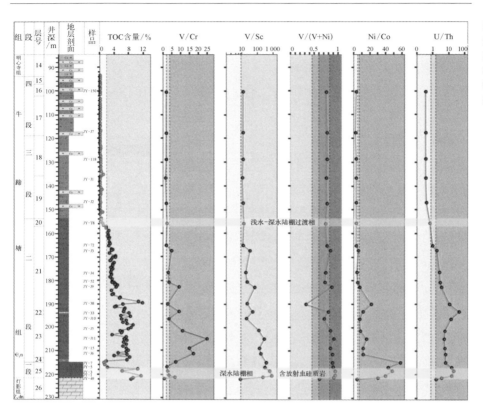

图 5 - 2
贵州金沙金
页 1 井下寒
武统牛蹄塘
组页岩有利
层段

页岩气
地质分
选区评

第 5

下寒武统玉尔吐斯组,岩性主要为一套灰绿色、灰黑色含磷硅质岩、黑色页岩、碳质页岩。

塔里木盆地下寒武统玉尔吐斯组泥页岩矿物组成以石英为主,其次为碳酸盐矿物,黏土矿物含量小于30%,含少量黏土、钾长石及斜长石(图5-3,图5-4)。

## 5.1.3 上扬子龙马溪组(含五峰组)含气页岩层段

龙马溪组主要分布于上扬子地区的四川盆地东部、南部及渝东鄂西地区。这套含气页岩分布面积较下寒武统牛蹄塘组小,但含气性好,在600 m以深含气量就超过

图5-3 塔里木盆地下寒武统玉尔吐斯组泥页岩特征

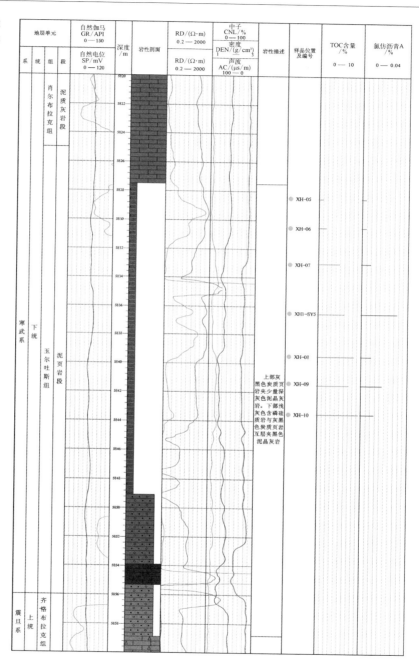

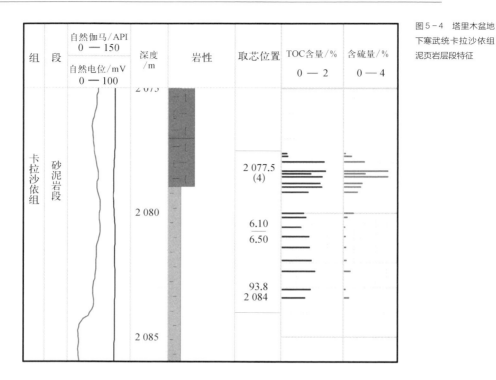

图5-4 塔里木盆地
下寒武统卡拉沙依组
泥页岩层段特征

2.0 m³/t。目前在四川盆地及周缘取得页岩气开发突破的就是龙马溪组。

1. 有机地球化学指标

龙马溪组富有机质页岩的类型主要为I型和II$_1$型,少部分地区有II$_2$型。

龙马溪组下段 TOC 含量主要集中在 1.0%~6.0%,平均值为 3.46%;龙马溪组上段灰色页岩段的 TOC 含量主要集中在 0.5%~1%,平均值为 0.866%。在剖面上从底到顶 TOC 含量逐渐变小。

$R_o$ 值为 1.49%~2.34%,处于高成熟晚期-过成熟阶段,即天然气大量生成阶段。

2. 含气性特征

(1)含气量

根据道页 1 井、渝页 1 井、彭页 1 井、威 201 井、宁 201 井等的岩心含气量测试结果,上扬子龙马溪组含气量集中在 1.0~4 m³/t,平均值为 2.3 m³/t。

（2）含气深度

从目前的钻探结果看，龙马溪组在500 m以深，岩心含气量就可达到1.0 m³/t以上，且解析气以烃类气体为主，$N_2$、$CO_2$含量较低。另外，在四川盆地内部的威远、长宁、抚顺-永川等地区，龙马溪组还普遍存在超压，超压最大达到2.0 MPa。

龙马溪组最有利的含油气页岩层段由五峰组及龙马溪组下段组成，厚度为30～60 m，有机碳含量在2.0%以上，含气量为1.5～4.5 m³/t。部分地区在五峰组与龙马溪组下段之间发育有观音桥段灰岩。

3. 岩石、矿物

龙马溪组主要分布在上扬子地区，主要由灰色、灰黑色及黑色泥质粉砂岩、黑色页岩、黑色泥质岩、介壳灰岩、硅质岩、白云质微晶灰岩、斑脱岩组成。岩石总体粒度较细，韵律性明显，下部富含笔石，并夹有介壳灰岩，总体形成于半封闭海湾环境。

龙马溪组在不同的沉积环境中的矿物含量不同，丁山水下隆起带黏土矿物的平均含量高于70%，脆性矿物含量较低；綦江观音桥—习水骑龙村—秀山溶溪—彭水鹿角浅水陆棚区，黏土矿物的含量为20%～70%；深水陆棚相区黏土矿物的平均含量低于20%，脆性矿物含量高。且脆性矿物含量与富有机质页岩页岩厚度呈正相关关系。

4. 物性特征

物性特征包括基质孔隙、裂缝双孔隙类型。基质孔隙包括脆性矿物内微孔隙、有机质微孔隙、黏土矿物层间微孔，比表面值介于4～32 m²/g，峰值在22 m²/g附近。总孔体积在0.008～0.032 mL/g均有分布，平均值在0.02 mL/g左右。孔喉直径均值一般介于8～160 nm，直径小于50 nm的中小孔隙占56.4%，直径高于50 nm的大孔隙占43.6%，孔隙度为2%～6%。渗透率为$0.002\,4 \times 10^{-3}$～$0.079 \times 10^{-3}$ μm²，平均值为$0.015\,3 \times 10^{-3}$ μm²，渗透率极低（图5-5）。

## 5.1.4　　旧司组（打屋坝组）含气页岩层段

旧司组及打屋坝组主要分布在黔西和黔南地区。经贵州省页岩气资源调查评价项目的调查井勘查证实，这套页岩页岩气显示良好，具有页岩气勘探前景，但含气页岩

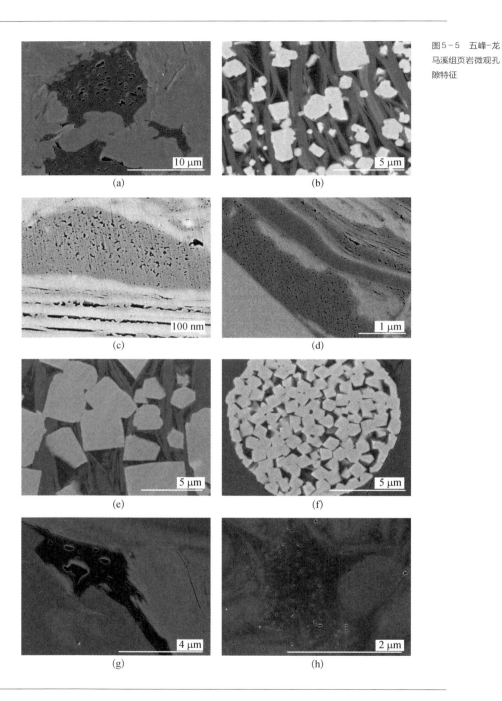

图5-5 五峰-龙马溪组页岩微观孔隙特征

分布规律尚不明确,页岩气的可开发性还需要进一步的参数井证实。

### 1. 有机地球化学特征

研究区下石炭统打屋坝组富有机质页岩的有机质类型主要为I型,有机碳含量普遍大于1.0%,一般为1.0%~2.0%,有23.8%的样品有机碳含量大于2.0%,最高2.83%。下石炭统打屋坝组总体演化程度较高,全区成熟度为1.0%~4.0%,主体为2.0%~3.0%,平面上由北东往南西成熟度增大。

### 2. 含气性

现场岩心解析结果显示,页岩含气量高值区位于页岩层段下部,在埋深720~950 m内,含气量达到$1.0 \sim 2.5 \text{ m}^3/\text{t}$,总体上含气性较好。

旧司组(打屋坝组)的页岩气有利层段总体偏下部,有机碳含量在2.0%左右,略低;含气性在$1.0 \sim 2.5 \text{ m}^3/\text{t}$,深部含气性不清,总体上勘探前景乐观。

### 3. 岩矿特征

黔西南下石炭统旧司组的岩性主要为黑色、灰黑色页岩,泥页岩,泥岩,夹泥质灰岩,含泥灰岩。根据泥页岩样品测试结果:石英含量为6.75%~99.28%,平均含量为50.75%;长石含量为0~6.44%,平均含量为1.00%;碳酸盐岩含量为0~90.63%,平均含量24.86%,以方解石为主,次为白云石;铁矿物含量为0~6.83%,平均含量为2.00%,主要以黄铁矿、菱铁矿为主;石膏在水城地区部分样品含量较高,含量为0~8.00%,平均含量为2.00%;黏土矿物含量为0.72%~48.85%,平均含量为18.80%。

黔西南地区旧司组黏土矿物中以伊利石占主导地位,含量为0~100.00%,平均含量38.14%;高岭石含量次之,含量为0~100.00%,平均含量为23.75%;蒙皂石含量为0~39.81%,平均含量为12.68%;绿泥石含量为0~19.43%,平均含量为2.85%;伊/蒙混层含量为0~40.51%,平均含量为6.09%。

黔南区打屋坝组矿物组成上以黏土矿物和石英为主,黏土矿物的平均含量为52%,石英的平均含量为37.8%,兼有少量长石、碳酸盐岩和黄铁矿等。黏土矿物主要为伊/蒙混层和伊利石,伊/蒙混层平均为80.4%,伊利石平均为12%,部分样品还含有一定量的高岭石和绿泥石。与黔西南区旧司组矿物组成上区别较大。

### 4. 孔渗特征

黔西南的旧司组和黔南的打屋坝组孔渗差别较大。打屋坝组微观孔隙类型包括矿物颗粒间(晶间)微孔缝(骨架颗粒间原生微孔、自生矿物晶间微孔、黏土伊利石化层间微缝)、矿物颗粒溶蚀微孔隙、基质溶蚀孔隙、有机质生烃形成的微孔隙等。

下石炭统旧司组含气页岩孔隙度为 0.24% ~ 29.45%,平均为 12.30%,主体分布为 8.00% ~ 20.00% 内,有 41.67% 的样品孔隙度为 5.00% ~ 10.00%、50.00% 的样品孔隙度大于 10.00%。渗透率为 $4.71 \times 10^{-3}$ $\mu m^2$。可见,旧司组含气页岩孔隙度高,渗透率低。而黔南地区下石炭统打屋坝组页岩样品孔隙度为 1.04% ~ 2.87%,平均值为 1.9%,孔隙度非常低。渗透率为 0.001 1 ~ 0.041 mD,平均值为 0.004 8 mD,渗透率极低。分析认为,这与打屋坝期页岩的沉积相有关,在黔南地区打屋坝组为相对富含黏土的页岩,在黔西南地区的旧司组则黏土矿物含量相对较低(图 5 - 6)。

## 5.2　我国主要海陆过渡相含气页岩层段特征

### 5.2.1　龙潭组含气页岩段

龙潭组在上扬子地区广泛分布,是主要含煤地层,同时也发育有大量的泥页岩层段,也是页岩气的有利勘探层系。

1. 有机地球化学特征

上二叠统龙潭组富有机质页岩的有机质类型主要为 III 型,显微组分主要表现为镜质组和惰质组。由于该地层为煤系地层,因此有机碳含量高,兴仁回龙样品达到最高值 17%。主体 TOC 含量分布在 1.0% ~ 10.0% 内,有 60% 的样品有机碳含量大于 4.0%。

龙潭组潜质页岩的总体演化程度较高,有机质成熟度为 1.57% ~ 4.23%,平均 2.67%,主体为 2.00% ~ 3.00%,有 78.95% 的样品成熟度为 2.00% ~ 3.00%。

2. 含气性特征

西页 1 井、方页 1 井、兴页 1 井等页岩气调查井岩心解析数据显示,龙潭组潜质页

125

图 5-6
旧司组含气
页岩层段

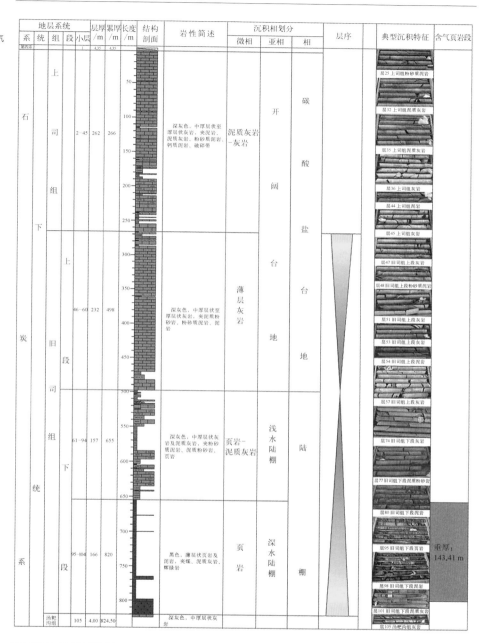

主要含油气页岩层段特征

岩含气量范围为 1.2 ~ 20 m³/t。

龙潭组含气页岩层段位于中下部,含气段厚度大,岩性变化大,可以划分出几个层段分别开发。

### 3. 岩矿特征

上二叠统龙潭组($P_2l$)为潮控三角洲相沼泽煤层及泥炭,岩性主要为灰黑色泥页岩、砂质泥岩夹灰色砂岩、泥质灰岩和煤层。龙潭组页岩以黏土矿物为主,次为石英和碳酸盐矿物。其中石英含量为 14.43% ~ 88.47%,平均含量为 37.90%;长石含量为 0 ~ 17.67%,平均含量为 4.81%,以斜长石为主;碳酸盐岩含量为 0 ~ 15.13%,平均含量为 1.98%;铁矿物含量为 0 ~ 30.72%,平均含量为 13.95%,以黄铁矿为主,其次为菱铁矿;黏土矿物含量为 9.83% ~ 65.80%,平均含量为 41.35%。黏土矿物中以伊/蒙混层为主,平均相对含量为 60%,高岭石和蒙皂石含量次之,平均相对含量分别为 30%、20%(图 5 - 7)。

### 4. 物性特征

上二叠统龙潭组含气页岩密度为 1.85 ~ 2.51 g/cm³,平均值为 2.20 g/cm³;有效孔隙度为 0.13% ~ 22%,平均值为 12%,主体分布在 10.00% ~ 22.00% 内,有 71.43% 的样品孔隙度大于 10.00%,渗透率为 0.26 × 10⁻³ μm²。

## 5.2.2　华北地区石炭-二叠系含气页岩层段

华北地区广泛发育有海陆过渡相煤系地层,煤系地层中发育有大量富有机质页岩,但页岩单层厚度普遍较小,含气页岩层段多为泥页岩与夹层的复合层段。这涉及页岩气、煤层气、致密气的区分问题。为解决上述问题,采取以下处理方法:

第一,深度大于 1 200 m 时,因煤层的蠕变性,煤层压裂后形成的裂缝会很快闭合,难以形成长期有效的煤层气产能,因此,1 200 m 以深时,煤层作为气源层处理,不作为煤层气储层考虑。小于 1 200 m 时,优先考虑煤层气,将煤层气单列。

第二,对于致密气,考虑到目前致密气层单层实际开发厚度一般大于 5 m,最低 3 m,因此,3 m 以下的致密砂岩、灰岩夹层与泥页岩合并组成含气页岩层段,3 m 以上

图5-7 龙潭组含气
页岩段

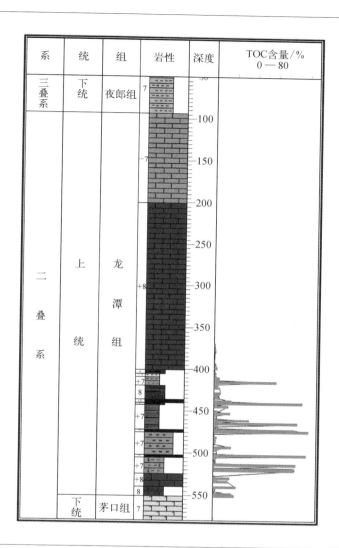

含气砂岩、灰岩夹层的规模如果没有单独开发价值，其资源并入页岩气，作为共生不能单独开发天然气资源，不单列致密气资源。

### 1. 有机地球化学特征

沁水盆地太原组太一段泥岩 TOC 含量为 0.04%~52.84%，全部样品平均值 3.76%。TOC 含量大于 1.5% 的样品数量占全部样品数的 64.9%。沁水盆地山西组山二段泥岩 TOC 含量为 0.02% ~ 31.05%,全部样品平均值 3.49%。TOC 含量大于 1.5% 的样品数量占全部样品数的 67.2%。山一段泥岩 TOC 含量为 0.045% ~ 36.94%,全部样品平均值 3.63%。TOC 含量大于 1.5% 的样品数量占全部样品数的 51.5%。下石河子组下二段泥岩 TOC 含量为 0.036% ~ 50.73%,全部样品平均值 2.37%。TOC 含量大于 1.5% 的样品数量占全部样品数的 33.9%。有机碳含量在各含气页岩层段中,自下而上逐渐降低。鄂尔多斯盆地石炭-二叠系、南华北盆地石炭-二叠系含气页岩的发育特征和有机碳含量特征总体相近。

整体来看,华北地区有机质成熟度较高,一般为 2% ~ 3%,最大达到 3.0% 以上,属于成熟-过成熟阶段。

2. 含气性特征

岩心现场解析结果显示,沁水盆地下石河子组下二段泥岩总含气量为 0.45 ~ 2.85 $m^3/t$,全部样品平均值 1.26 $m^3/t$。含气量大于 1.5 $m^3/t$ 的样品数量占全部样品数的 19%。

山西组山一段泥岩总含气量为 0.44 ~ 4.47 $m^3/t$,全部样品平均值 2.18 $m^3/t$。含气量大于 1.5 $m^3/t$ 的样品数量占全部样品数的 61.1%。

山二段泥岩总含气量为 0.52 ~ 12.11 $m^3/t$,全部样品平均值 2.549 $m^3/t$。含气量大于 1.5 $m^3/t$ 的样品数量占全部样品数的 45.8%。

太一段泥岩总含气量为 0.61 ~ 2.5 $m^3/t$,全部样品平均值 1.09 $m^3/t$。含气量大于 1.5 $cm^3/g$ 的样品数量占全部样品数的 11.43%。

岩心含气量解析结果显示,华北地区石炭-二叠系含气页岩层段中的泥页岩段普遍含气,所夹的致密砂岩等夹层中,在录井中也有天然气显示,说明华北地区石炭-二叠系具有页岩气、致密气,浅部具有煤层气前景。但目前页岩气勘探开发进展还不理想。

华北地区石炭-二叠系地层的含气页岩层段一般可以划分出 3 ~ 8 段,其中山西组、太原组含气页岩层段的指标略好,下石河子含气页岩层段的指标略差。

3. 岩矿特征

华北地区石炭-二叠系含气页岩层段泥页岩脆性矿物多集中在 35% ~ 55%,含量最高可达 89%。以沁水盆地为例,其中太原组太一段泥岩脆性矿物含量为 20% ~ 89%,平均为 39.44%。山西组山二段泥岩脆性矿物含量为 19.3% ~ 52%,平均为

33.35%。山西组山一段泥岩脆性矿物含量为33.3%~49%,平均为40.74%。下石河子组下二段泥岩脆性矿物含量为4.7%~87%,平均为45.68%。可以看出研究区各层段石英含量均在35%以上,反映出该地区泥岩脆性较好,易于形成裂缝。各层段自下而上脆性矿物含量逐渐增大(图5-8)。

图5-8
沁水盆地页岩气主力层段全岩矿物对比

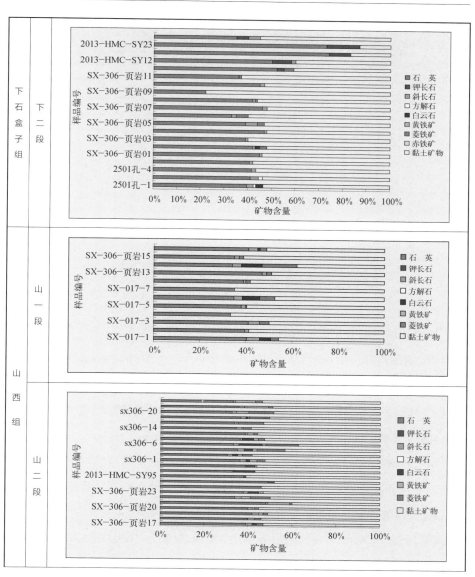

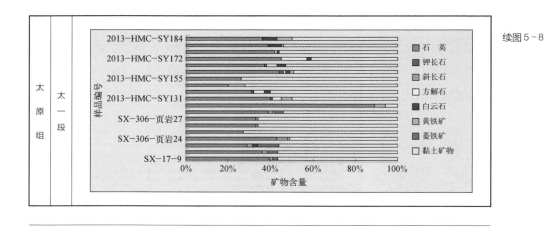

续图 5 - 8

## 5.3 我国主要湖相含油气页岩层段特征

### 5.3.1 二叠系芦草沟组含油页岩段

**1. 有机地球化学特征**

中二叠统芦草沟组(平地泉组)HI 主要分布在 0 ~ 700 mg/g,$T_{max}$ 主要集中在 430~460℃,有机质类型多样,以Ⅲ、Ⅱ$_1$ 和Ⅱ$_2$ 为主,部分为I型。干酪根碳同位素值主要分布在 −30.2‰~ −23.4‰,主峰分布在 −28‰~ −25‰,有机质类型以I、Ⅱ$_1$ 和Ⅱ$_2$ 型为主,还有部分为Ⅲ型。从有机质类型上来看具有倾油的特征。

中二叠统有机碳含量大于1%的样品超过样品总数的60%,大于1.5%的样品占56%以上,有机碳含量较高;但不同地区各井有差异,但是有机碳含量普遍能够大于1%,符合页岩油气的远景勘探要求。

$R_o$ 分布在0.5%~1.4%,处于生油和生气阶段,多数集中在0.7%~1.1%,考虑到中二叠统有机质母质类型以Ⅱ型为主,该层段应以生油为主。

### 2. 油气显示

准噶尔、三塘湖盆地二叠系芦草沟组页岩油显示丰富。目前中石油在三塘湖盆地与壳牌开展区块合作,进行页岩油开发;在准噶尔盆地针对芦草沟组开展自主的页岩油开发试验。

### 3. 岩矿特征

准噶尔盆地、三塘湖盆地上古生界中二叠统、下二叠统为陆相沉积,岩性较为复杂,岩性以黑色或灰色泥岩、粉砂质泥岩和云质泥岩为主,碳酸盐含量较高,杂灰岩、凝灰岩出现较少。可溶有机质主要是在泥岩的微裂缝中富集,部分在粉砂质泥岩中呈星点状分布,碳酸盐含量的增加有利于有机质顺层富集。

根据岩心的岩性定名来看,泥岩的黏土矿物并不高,一般都低于40%,低的不到5%,白云石含量普遍较高,高的接近60%,其实应属于白云岩,另外有一定的石英、斜长石,钾长石含量较低,也有一定量的方解石。灰质泥岩的黏土矿物一般也都低于20%,石英、斜长石和白云石含量普遍较高,钾长石含量较低。其他岩性中的石英、斜长石、白云石含量也普遍较高,有的有一定量方解石。总体来看,芦草沟组岩性以白云岩、粉砂质泥页岩成分较多,脆性矿物比较丰富。这与以往对芦草沟组的认识有较大变化,这主要是因为在过去将芦草沟组烃源岩进行研究时,重点关注其地球化学特征的研究,而将其作为页岩油气目标层进行研究时,除地球化学指标外,还要研究其岩石、矿物及物性指标,研究更为全面,认识更为深入。

### 4. 储集性能

宏观储集空间主要发育有高角度裂缝、近水(偶有高角度)平缝合线和近水平页理缝,在裂缝表面、缝合线表面、页岩层理面上均有较好的含油显示。

微观储集空间主要可以分为残余原生孔隙、有机孔隙、微裂缝、次生溶蚀孔隙等。

中二叠统泥页岩层系中不同岩性的孔隙度多小于20%,主要分布在10%以内;渗透率有较宽的分布范围,其中高值主要与微裂缝发育有关。灰岩和泥岩测试样品孔隙度极低值(小于2%)均超过20%,砂岩孔隙度普遍大于4%,主要分布在4%~8%。样品中60%的泥岩、灰岩和46%的砂岩渗透率都小于0.05 mD,属于典型的底孔-特低渗型储层。砂岩孔渗关系较好,渗透率随孔隙度增大而提高,泥岩孔渗关系则相对较差。砂岩孔隙度增大含油性增强,有油迹-油斑出现的孔隙度多大于10%。泥岩孔隙度相对较小,含油级别多为荧光(图5-9)。

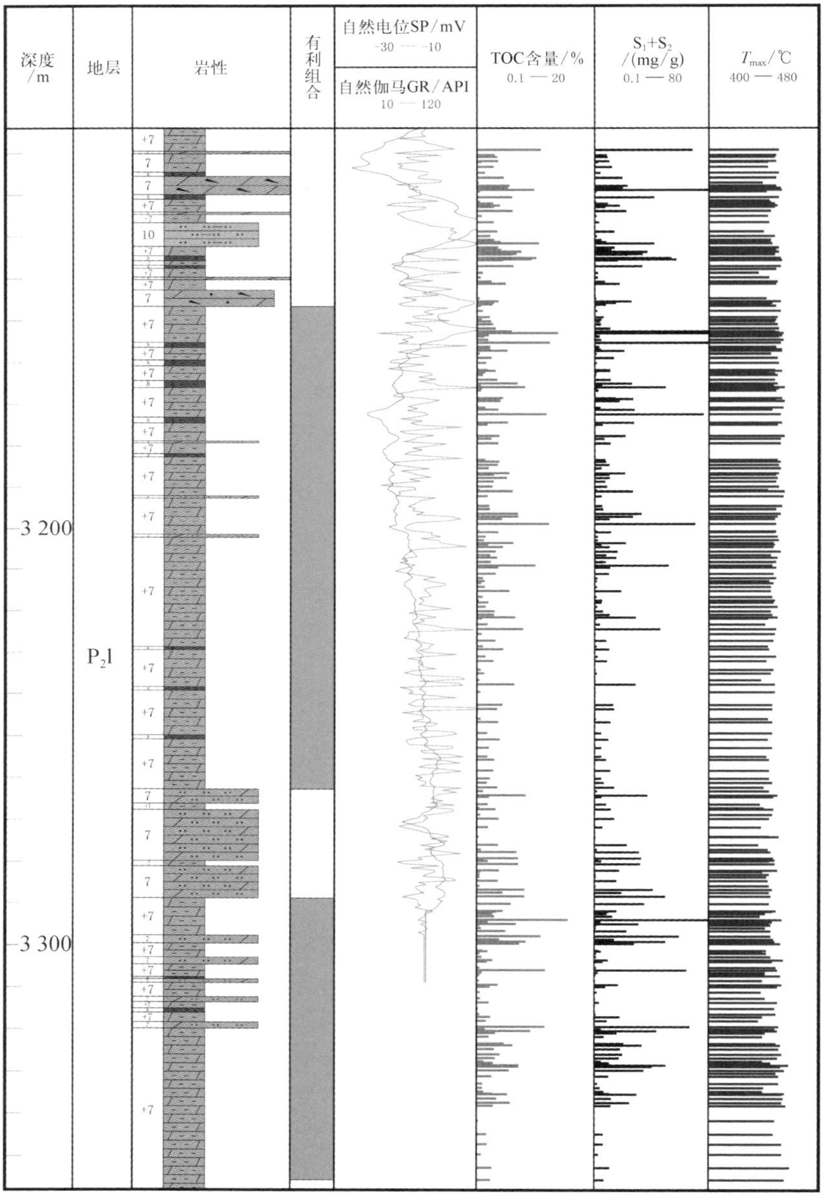

图5-9 西北地
区中二叠统芦草
沟组有机地球化
学柱状图

### 5.3.2　准噶尔盆地三叠系白碱滩组含气页岩段

#### 1. 有机地球化学特征

准噶尔盆地三叠系干酪根以$II_2$型和$III$型为主,少部分$II_1$型和$I$型,具倾气特征。有机质显微组分组成中,多数样品的惰质组含量较低,镜质组与壳质组＋腐泥组含量具有互补关系,镜质组含量高时,壳质组＋腐泥组含量低,反之,则壳质组＋腐泥组含量高;少量样品有较多的惰质组。为典型湖相烃源岩有机质显微组分组成特点。

三叠系泥页岩TOC含量分布主要介于0.2%～9.85%,碳质泥岩TOC含量主要介于10%～34.99%,均值为18.01%;煤的有机质丰度一般较高,主要介于49.5%～85%,均值为65.15%。不考虑煤和碳质泥岩,一般泥岩的TOC含量均值为1.12%,主峰为0.4%～1.2%,高于2%的数据不到10%,即使2%以上的数据点加上碳质泥岩和煤层样品,数据点数也只占少数。

三叠系烃源岩镜质体反射率($R_o$)实测数据主要分布在0.5%～0.9%内,个别超过1%,最高1.2%,均值为0.67%。由于干酪根类型以$II_2$型和$III$型为主,$R_o$值虽然很低,但可以产气。

#### 2. 含气性特征

三叠系含气页岩层段发现了不同程度的气测异常显示,预示其具有一定的页岩气勘探前景,但工作程度不高,还需要进一步勘探和研究。

#### 3. 岩矿特征

上三叠统岩性主要为成分较纯的黑、灰色泥岩、粉砂质泥岩、泥质粉砂岩与砂岩,偶有薄煤层出现。可溶有机质主要是在泥岩的微裂缝中富集,部分在粉砂质泥岩中呈星点状分布。

矿物成分中,石英含量普遍超过30%、多数大于40%,钾长石、钠长石含量较低,小于1%。黏土矿物中,不同地区差异较大(图5-10)。

### 5.3.3　柴达木盆地下干柴沟组/上干柴沟组

柴达木盆地下干柴沟组发育了三套含气页岩层段,上干柴沟组发育了一套含气页

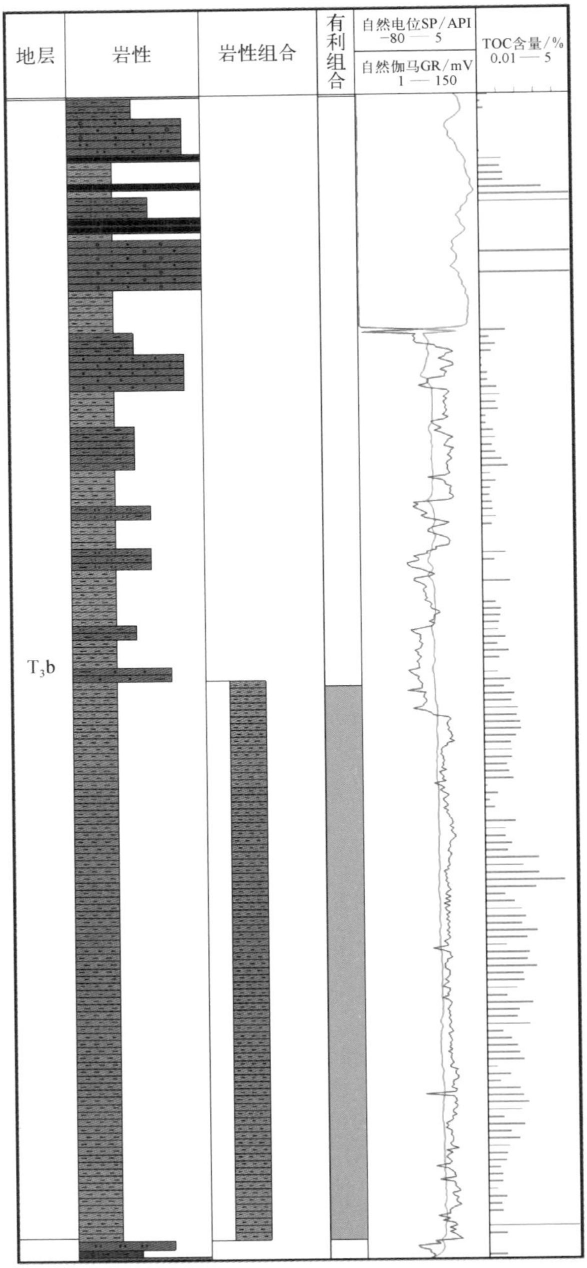

图 5 - 10　准噶尔盆
地上三叠统有机地球
化学柱状图

| 地层 | 岩性 | 岩性组合 | 有利组合 | 自然电位SP/API<br>−80 —— 5<br>自然伽马GR/mV<br>1 —— 150 | TOC含量/%<br>0.01 —— 5 |
|---|---|---|---|---|---|
| T₃b | | | | | |

岩层段,主要分布在狮子沟、油泉子和油砂山地区,埋深介于 1 500 ~ 4 000 m;研究区上、下干柴沟组氯仿沥青"A"含量较高,部分地区大于 $10^{-6}$;有机质类型普遍为Ⅱ型和Ⅲ型,只有下干柴沟组部分地区发育有Ⅰ型有机质;研究区泥页岩成熟度普遍较低,埋深 3 500 m 以上基本都小于 1.0% 。研究区内泥页岩脆性矿物含量普遍较高,有利于形成裂隙,增加储集空间;黏土矿物中又以伊利石含量最高,有利于页岩气的吸附;泥页岩孔隙度为 2% ~ 10% ,渗透率一般为 0.001 ~ 0.01 mD;发育多种类型储集空间:如有机质孔、晶内孔、晶间孔等不同尺度的微米和纳米级孔隙,以及宏观缝和微观缝;纳米孔隙中,中孔提供了主要的孔隙体积空间和孔比表面积。老井复查,多井有气测异常显示,最大单层厚度可达 12 m,累计最大厚度近 100 m(图 5 - 11,图 5 - 12)。

### 5.3.4　　　　四川盆地自流井组东岳庙、马鞍山、大安寨段及千佛崖组二段

四川盆地侏罗系主要发育下侏罗统东岳庙段、马鞍山段、大安寨段及中侏罗统千佛崖组二段四套泥页岩层系。

#### 1. 有机地球化学特征

四川盆地侏罗系中、下侏罗统腐泥组(含壳质组,下同)组分含量很高,分布在 26% ~ 79% ,大部分源岩干酪根样品腐泥组组分达 50% 以上,高者达 79% ,有机质类型主要为 $Ⅱ_1$ 型,少数样品为Ⅰ型。

千佛崖组富有机质泥页岩主要集中于千二段,TOC 含量介于 0.4% ~ 2.0% ,主要分布于 0.8% ~ 1.8% 。在元坝-涪陵沉积中心 TOC 含量介于 1.0% ~ 2.0% ,有机质丰度高。

自流井组大安寨段的 TOC 含量最小 0.30% ,最大 2.24% ,平均为 0.96% ;TOC 含量高于 0.5% 的样品占总样品数的 91.1% ,TOC 含量高于 1% 的样品占总样品数的 39.4% 。马鞍山段不考虑高 TOC 含量的煤样和碳质泥岩样品时,其 TOC 含量最小 0.02% ,最大 6.54% ,平均为 0.64% ;TOC 含量高于 0.5% 的样品占总样品数的 46.6% ,TOC 含量高于 1% 的样品仅占总样品数的 19.1% ;东岳庙段在不考虑高 TOC 含量的煤样和碳质泥岩样品时,其 TOC 含量最小 0.30% ,最大 9.95% ,平均为 1.77% ;TOC 含量高于 0.5% 的样品占总样品数的 81.0% ,TOC 含量高于 1% 的样品占总样品

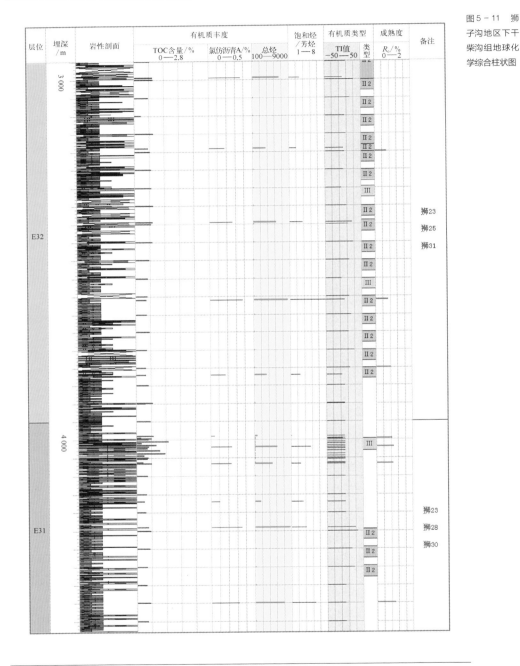

图 5 - 11　狮子沟地区下干柴沟组地球化学综合柱状图

图 5－12
狮子沟地区
上干柴沟组
地球化学综
合柱状图

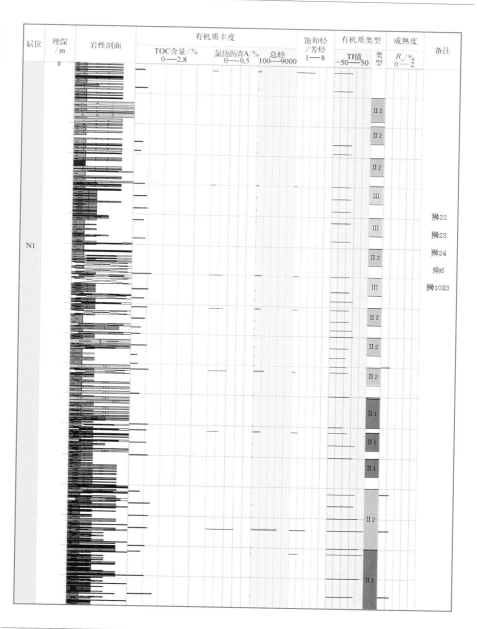

| 层位 | 埋深 /m | 岩性剖面 | 有机质丰度 | | | 饱和烃 /芳烃 1—8 | 有机质类型 | | 成熟度 | 备注 |
|---|---|---|---|---|---|---|---|---|---|---|
| | | | TOC含量/% 0—2.8 | 氯仿沥青A/% 0—0.5 | 总烃 100—9000 | | TI值 -50—50 | 类型 | $R_o$/% 0—2 | |
| N1 | | | | | | | | II 2 | | |
| | | | | | | | | II 2 | | |
| | | | | | | | | II 2 | | |
| | | | | | | | | III | | |
| | | | | | | | | III | | 狮22 |
| | | | | | | | | III | | 狮23 |
| | | | | | | | | II 2 | | 狮24 |
| | | | | | | | | III | | 柴6 |
| | | | | | | | | | | 狮10X3 |
| | | | | | | | | II 2 | | |
| | | | | | | | | II 2 | | |
| | | | | | | | | II 1 | | |
| | | | | | | | | II 1 | | |
| | | | | | | | | II 1 | | |
| | | | | | | | | II 2 | | |
| | | | | | | | | II 1 | | |

数的 56.0%。

四川盆地侏罗系千佛崖组-自流井组 $R_o$ 主要介于 1.0% ~ 1.8%,处于成熟-高成熟演化阶段,除生成少量原油外,以生气为主。

**2. 含油气性特征**

目前在下侏罗统自流井组顶部大安寨段、东岳庙段、中侏罗统千佛崖组已经有 30 多口井获得工业油气流,日产油 0.3 ~ 121.5 t,日产气 0.03 × 10⁴ ~ 75 × 10⁴ m³。千佛崖组也见到良好的页岩气显示。展现出四川盆地侏罗系含 4 个油气页岩层段的良好开发前景。

**3. 岩矿特征**

自流井组东岳庙段岩性为深灰、灰色泥岩,黑色页岩,粉砂质泥岩夹灰色粉砂岩或与之不等厚互层;马鞍山段岩性为灰色泥岩、绿灰色泥岩、粉砂质泥岩夹灰色粉砂岩,泥页岩连续性好,砂岩厚度一般小于 2 m。大安寨段岩性为深灰页岩、灰黑色泥岩、页岩与灰色泥灰岩、介壳灰岩、粉砂岩不等厚互层,水平层理发育。千佛崖组千二段厚 86 ~ 132 m,主要为浅湖相灰色、灰黑色页岩夹灰色细砂岩地层,水平层理发育。

从元坝地区的分析结果看,自流井组-千佛崖组泥页岩矿物成分以黏土矿物、石英为主,方解石次之,见少量长石、白云石及黄铁矿等碎屑矿物和自生矿物。脆性矿物含量在 48.3% ~ 59.4%;黏土矿物平均含量在 40.5% ~ 51.3%。其中大安寨段、东岳庙段黏土矿物含量相对较低,平均含量分别为 40.5%、40.8%,千二段马鞍山段相对较高,平均含量分别为 47.3% 和 50.9%。元坝地区页岩油气层段中常夹较多的灰岩或砂岩薄层或条带,这样的岩性组合总体上有利于页岩气气井完井及压裂施工作业。

**4. 孔渗特征**

自流井组-千佛崖组泥页岩微孔隙发育,按成因可将基质孔隙区分为有机质孔、晶间孔、矿物铸模孔、黏土矿物间微孔以及次生溶蚀孔等类型。

有机质孔隙孔径主要分布在 2 ~ 1 000 nm,其中微孔和小孔所占比例较大,对泥页岩的比表面积和孔体积贡献同样较大。

区内泥页岩中最常见的晶间孔为草莓状黄铁矿晶粒间的孔隙,孔径多分布在 10 ~ 500 nm。已形成的矿物晶体消失,形成矿物铸模孔的孔径多在 100 ~ 500 nm。黏土矿物伊利石之间的微孔隙孔径相对较小,主要分布在 0.02 ~ 2 μm。矿物溶蚀而产生的粒内溶孔和粒间溶孔中,粒内溶孔孔径相对较小,主要分布在0.05~2 μm;粒间溶孔孔径相对较大,主要分布在1~20 μm。

另外,岩心和成像测井结果表明,自流井组-千佛崖组泥页岩还发育有宏观和微观裂缝,构成裂缝性储集空间。

大安寨段、马鞍山、东岳庙段孔隙度分别为1.4%~8.17%、2.13%~4.25%、1.23%~4.63%,平均值分别为4.68%、2.77%和2.49%;渗透率分别为0.011 1~96.201 4 mD、0.022 5~16.051 8 mD、0.004 3~2.651 9 mD,平均值分别为0.737 1 mD、0.117 8 mD、0.054 7 mD。大安寨段泥页岩孔隙度、渗透率明显高于东岳庙段、马鞍山段(图5-13)。

图5-13 四川盆地自流井组-千佛崖组泥页岩孔隙类型

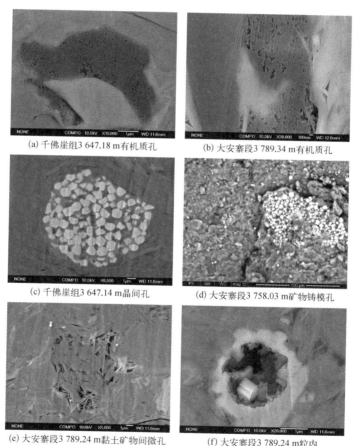

(a) 千佛崖组3 647.18 m有机质孔  (b) 大安寨段3 789.34 m有机质孔

(c) 千佛崖组3 647.14 m晶间孔  (d) 大安寨段3 758.03 m矿物铸模孔

(e) 大安寨段3 789.24 m黏土矿物间微孔  (f) 大安寨段3 789.24 m粒内

### 5.3.5　鄂尔多斯盆地延长组长 9、长 7、长 4 +5 段含油气页岩

**1. 有机地球化学特征**

鄂尔多斯盆地长 4 +5 段含油气页岩主要为Ⅱ~Ⅲ型,其中以Ⅲ型为主。长 7 段含油气泥页岩Ⅰ~Ⅲ型均存在,但以Ⅰ~Ⅱ₁型为主;长 9 段含油气泥页岩主要为Ⅱ~Ⅲ型,以Ⅱ型为主。

盆地延长组长 4 +5 段 TOC 含量为 0.51%~16.73%,主要分布在 1%~1.5% 和 2.5%~3%,平均值 2.12%。长 7 段 TOC 含量为 0.51%~22.6%,主要分布在 1%~2% 和 >7%,分别占 25% 和 10%,平均值 3.29%。纵向上,长 7 段底部"张家滩"页岩段的 TOC 含量最高,一般大于 10%。长 9 段 TOC 含量为 0.391%~4.2%,主要分布在 0.5%~1%,占 43%,平均值 1.36%。在纵向上长 9 段含油气页岩 TOC 含量没有明显变化规律,以长 9 段顶部的"李家畔"页岩为最好。

盆地长 7 段、长 9 段含油气页岩 TOC 含量的变化受沉积相的控制,深湖-半深湖好于浅湖区,其分布趋势与长 7 段含油气页岩厚度分布图有较好的一致性,随着页岩厚度的增厚,对应 TOC 含量增加。

长 7 段、长 9 段含油气页岩层段 $R_o$ 分布于 0.6%~1.2%。

**2. 页岩油气显示**

目前在麻黄山、下寺湾、富县、洛川、彬长和渭北区块长 7、长 8 段在录井中发现页岩油气显示,证明了陆相页岩油气的存在。

柳评 171 井页岩气含量现场解析及回复后的结果为 6.437 9 $m^3/t$;万 169 -1 井为 2.43 $m^3/t$。总体上,长 7 段含气页岩层段气含量为 2.43~6.45 $m^3/t$,平均 4.79 $m^3/t$,等温吸附气含量为 1.33~5.2 $m^3/t$,平均为 2.11 $m^3/t$,约占总解析气含量的 44%。

目前,鄂尔多斯盆地延长组长 7、长 9 段含油气页岩层段已经有 30 多口井获得页岩油气工业油气流,展现出页岩油气良好的勘探开发前景,但单井油气产量偏低,还有待进一步开展技术攻关,提高单井产量。

**3. 岩矿特征**

长 7 段含油气页岩类型较丰富,主要有黑色页岩、深灰色页岩、深灰色粉砂质页岩、灰绿色粉砂质页岩、黄绿色粉砂质页岩、黑色书页状页岩(页理极发育)、灰黑色

页岩、灰黑色粉砂质页岩、褐黄色页岩等。页岩岩性以纹层状泥(页)岩、纹层状粉砂质泥(页)岩为主,泥质有机质与粉砂石英呈纹层状不均分布。长9段页岩类型主要有黑色页岩、深灰色页岩、深灰色粉砂质页岩、灰绿色粉砂质页岩、黄绿色粉砂质页岩等。薄片下观察粉砂质泥(页)岩内石英含量高,有机质主要以絮状分散不均分布。

中生界延长组含油气页岩的矿物成分以石英、斜长石、钾长石、方解石、白云石、黄铁矿及黏土矿物为主。石英含量为21%~27%,长石含量为14%~49%,碳酸盐平均含量为5%,黄铁矿平均含量为5%,黏土矿物总量为24%~55%。黏土矿物为蒙皂石、伊利石、绿泥石和伊/蒙混层的组合,以伊利石和绿泥石为主。其中,蒙皂石平均含量为1%,个别到6%,伊利石含量为7%~27%,绿泥石含量为9%~27%,伊/蒙混层平均含量为6%。

4. 物性特征

延长组含油气页岩段的无机孔和有机孔均很发育。无机孔中,原生粒间孔和溶蚀粒间孔,溶蚀粒间孔的孔隙直径可达27.8 μm;矿物粒内微孔包括晶体间的原生微孔、晶间溶蚀微孔和黏土矿物转化过程中脱水形成的晶间孔,如蒙皂石向伊利石转化时脱水形成的晶间孔。有机孔隙一般为有机质内气孔,集中分布在有机质内,多以球形分散分布。有机碳含量高的样品,有机质内气孔也会增多,多以球形分布,大小一般为75~200 nm。同时也见到黏土矿物中的气孔。微裂缝有矿物颗粒间形成的缝、片理缝等(图5-14)。

图5-14 长7、长9段含油气页岩层段孔隙发育类型

(a) 长9段粒间溶蚀微孔　　　　　　　(b) 长7段长石粒内溶孔

(c) 长7段晶间微孔

(d) 长7段蒙皂石脱水晶间孔

(e) 长7段伊/蒙混层晶间孔

(f) 长7段有机质微孔

(g) 长7段有机质内气孔

(h) 长7段蒙皂石内气孔

(i) 长7段粒缘缝

(j) 长7段片理缝

## 5.3.6 松辽盆地青山口组、嫩江组

### 1. 有机地球化学特征

青一段有机质类型以I型为主,部分为$II_1$型;嫩一段和嫩二段的I型、II型、III型干酪根均发育。

青一段在朝阳沟地区 TOC 含量平均为3.76%,大庆长垣和王府坳陷为3.15%,黑鱼泡凹陷平均为2.05%。

青一段的$R_o$为0.4%～1.3%,嫩一段的$R_o$为0.7%～0.8%,嫩二段的$R_o$总体小于0.7%(图5-15)。

图5-15 松辽盆地青一段、嫩一段 TOC 含量分布直方图

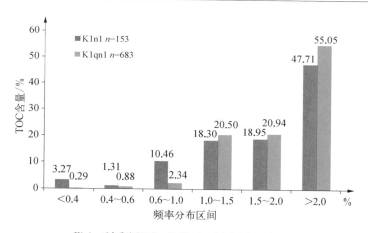

K1nl—下白垩统嫩江组一段;K1qnl—下白垩统青山口组一段

### 2. 含油气特征

青一段共有7口井获工业油气流,16口井获低产油气流。其中:英18井在青一段产油1.70 t/d、气21 $m^3$/d;英12井在青一段产油3.83 t/d、气441 $m^3$/d;哈16井在青一段产油3.931 t/d、气606 $m^3$/d;古105井在青一段产油1.49 t/d。

### 3. 岩矿特征

青一段、嫩一段和嫩二段层段页岩油气储层的岩石类型主要为黑色泥页岩、灰-灰黑色粉砂质泥页岩、泥质粉砂岩、灰-灰白色粉砂岩等。

青一段石英、长石含量为37%~68.3%,钙质含量为1%~16.2%,黏土矿物含量为15.5%~7.5%。脆性矿物含量在35%以上,岩石可压性较好。

4. 孔隙度、渗透率特征

青一段页岩油气储层孔隙度为2.84%~5.25%,平均为4.43%,渗透率为0.000 136~0.805 24 mD,平均0.091 8 mD。嫩一段孔隙度平均3.65%,渗透率平均0.015 73 mD。嫩二段孔隙度平均4.36%,渗透率平均为0.003 07 mD,属特低孔特低渗性储层。

## 5.3.7　　　　渤海湾盆地沙河街组沙三段、沙四段

### 1. 有机地球化学特征

沙河街组的有机质类型以Ⅰ~Ⅱ₁型为主,部分断陷以Ⅱ₂~Ⅲ型为主。TOC含量上,沙四上亚段为1.5%~6%,沙三下亚段为2%~5%,沙三中亚段为1.5%~3%,沙一段为2%~7%。

沙河街组有机质成熟度与埋深关系密切,当埋深大于4 500 m时,进入生气阶段。

### 2. 含油气性特征

辽河凹陷曙古165井岩心现场解吸含气量平均为1.4 $m^3/t$;雷84井为1.1~8.6 $m^3/t$。所获得的烃类气体中,甲烷含量为83.5%~92.5%,另外还含有一定的$C_2$、$C_3$等湿气,并获得部分页岩油(图5-16)。

### 3. 岩矿特征

沙四段上亚段岩性主要为泥岩、泥灰岩和灰岩,含少量白云岩;沙三段主要岩性为泥岩、粉砂质泥岩、泥灰岩、灰泥岩,含少量灰岩;沙一段主要岩性为主要为白云岩,含少量灰质泥岩。

矿物成分主要有方解石、黄铁矿、炭质、砂质、白云石、泥质、磷质等,生物碎片发育。沙河街组普遍含有碳酸盐矿物。其中沙四上亚段的碳酸盐成分最高,方解石含量平均值在50%以上;沙三中亚段和沙一段的方解石含量平均值均在30%以上。各层均含有一定量的白云石。目标层黏土矿物含量和石英均低于50%。

145

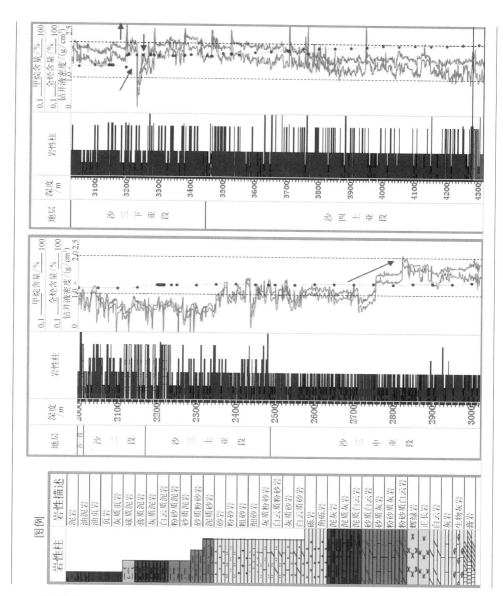

图5-16 济阳坳陷古近系泥岩综合地球化学剖面

### 5.3.8　　南襄盆地核桃园组

#### 1. 有机地球化学特征

泌阳凹陷核三段、核二段 TOC 含量高,干酪根类型以 $II_1$ 型为主,$II_2$ 型次之,少量 III 和 I 型。南阳凹陷干酪根类型以混合型为主,大部分样品有机质属于 $II_1$ 型和 $II_2$ 型,个别样品为 I 和 III 型。

整个泌阳凹陷核三上页岩 TOC 含量分析值中核三段 I、核三段 III、核三段 IV 砂组 TOC 含量最高,深凹区 TOC 含量在 1%～10%,以核三段 III～IV 砂组丰度较高,从 IV 砂组以下,随深度不断增加而降低,核三段 IV～VIII 砂组泥岩 TOC 含量主要分布区间为 0.5%～2.0%,其中 VI、VII 及 VIII 砂组的 TOC 含量处于中等。南阳凹陷核桃园组 TOC 含量分布范围在 0.10%～3.62%,平均 0.62%,TOC 含量最高的层段是 $H_3I$ 和 $H_2III$。

泌阳凹陷深凹区核三段底部有机质热演化程度 $R_o$ 为 0.8%～1.7%,核三上段底部 $R_o$ 为 0.6%～1.1%,热演化处于成熟-高成熟阶段。南阳凹陷泥页岩演化程度小于 1.0%,东部地区核三段 II 砂组成熟度最高达到了 1.4%,达到了高熟阶段。

#### 2. 含油气特征

泌阳凹陷安深 1 井、泌页 HF1 井共两口页岩油气探井获得工业油流;老井复查表明泌阳凹陷深凹区泌 100、泌 159、泌 196、泌 204、泌 270、泌 289、泌 354、泌 355、泌 365 等多口井从核二段、核三上、核三下泥页岩均见到显示,全烃值为 0.094%～10.833%,显示段泥页岩厚度为 10～140 m。

南阳凹陷红 12、红 14、红 15 井在泥页岩钻井过程中槽面有油花、气泡显示,红 12 井在 2 329.4～2 340.0 m 井段(岩性为深灰色泥岩,全烃值为 0.035%～4.40%,组分齐全,槽面见大量油花、气)测试日产油 2.58 t(图 5-17)。

#### 3. 岩矿特征

目标层段岩石类型主要有泥质粉砂岩、粉砂质页岩、隐晶灰质页岩、重结晶灰质页岩及白云质页岩。

泌阳凹陷目标层段石英、碳酸岩、长石等脆性矿物含量为 69.4%;泌 354 井在 2 563～2 570 m 页岩,石英和碳酸岩含量为 69.9%,泌页 HF1 井在 2 415～2 451 m 页岩段脆性矿物总量达 66%。

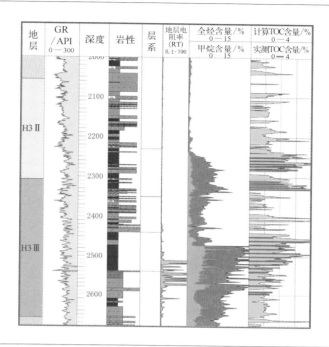

图5-17 泌阳凹陷核桃园组页岩油气发育有利层段

南阳凹陷1号页岩层平均脆性矿物含量相对较高为63.88%,2号页岩层脆性矿物含量为52.93%,3号和4号页岩层相对脆性矿物含量低于1号、2号页岩层,平均约为50%。

4.物性特征

泌页HF1井氩离子抛光扫描电镜分析,页岩孔隙一般在30～1 700 nm 不等,平均为500 nm,属于小型孔隙。

安深1井2 488～2 498 m井段平均孔隙度4.83%,平均渗透率0.000 36 mD,表明该井页岩储层物性较好。

## 5.3.9　江汉盆地新沟嘴组

### 1.有机地球化学特征

江汉盆地古近系新沟嘴组生油母质较好,以偏腐泥型为主,Ⅰ型、Ⅱ$_1$型、Ⅱ$_2$型和Ⅲ型分别占 56%、25.5%、16.2% 和 2.3%。

新沟嘴组下段泥页岩有机质丰度较高,TOC 含量为 0.5%~1.49%,最高 3.31%,主要生烃中心位于资虎寺、总口、潘场、白庙等向斜带。潜江组泥页岩主要分布于潜江凹陷,总的来看,TOC 含量的平均值为 1.49%,平面上具有往蚌湖-王场-周矶生烃向斜逐渐变大的趋势。

江汉平原区古近系 $R_o$ 值一般为 0.6%~1.0%,潜江-广华地区、小板板参 1 井区,其 $R_o$ 值达 1.5% 以上。

2. 含油气性特征

江汉盆地新沟嘴组已经有多口井获得工业油气流,并以致密油名义提交了 130 多万吨的探明页岩油地质储量。

3. 岩矿特征

新沟嘴组含油气页岩层段主要发育在新下Ⅱ油组-泥隔层,由于新沟嘴组为一个坳陷型、浅水三角洲沉积环境,在富有机质泥页岩层发育的新下Ⅱ油组-泥隔层之间发育薄砂岩、碳酸盐岩夹层,这种沉积规律,形成了泥、页岩夹薄砂岩、碳酸盐岩的互层(图 5-18)。

# 5.4　我国主要湖沼相含油气页岩层段特征

## 5.4.1　四川盆地须家河组须一、须三、须五段含油气页岩

三叠系属河湖沼泽相含煤、含铁沉积,含气页岩主要发育在须一、须三和须五段。

1. 有机地球化学指标

四川盆地上三叠统有机质类型可以分为研究区西部的Ⅱ$_1$型,中部的Ⅱ$_2$型,东部的Ⅲ型和西北部的过渡型。

须一段 TOC 含量为 1.0%~13.1%,平均为 4.15%,龙门山前一带和潼南-大足一

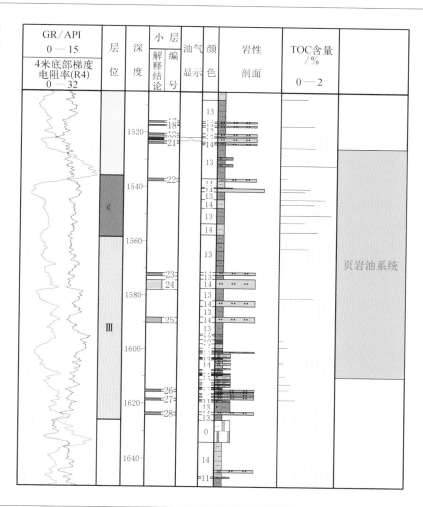

图5-18 江汉盆地新沟嘴组页岩油层段特征

带TOC含量较低,一般小于2%。$R_o$值为0.64%~2.4%,平均为1.68%,处于高过成熟演化阶段。

须三段有机碳含量整体较高,除雅安、自贡和广元一带外,TOC含量普遍大于2.5%,平均为3.95%。须三段有机质成熟度较高,$R_o$值为0.61%~2.05%,平均1.60%,总体处于高成熟阶段。

须五段泥页岩的TOC含量为0.55%~5.16%,均值3.26%,研究区整体TOC含量较高,除盆地西北部的广元一带及东南部的宜宾一带外,一般都大于 2.5% 。须五段的 $R_o$ 值为 0.88% ~ 1.72% ,平均为 1.23% ,处于成熟-高成熟阶段。

2. 含气性特征

四川盆地须家河组须三段、须五段含气页岩已经取得页岩气勘探突破。其中元坝地区元 6 井在须三段经常规测试,获得日产 $2.05 \times 10^4$ $m^3$ ;新场地区新页 HF - 1 井、HF - 2 井针对须五段进行勘探,取得预期效果,HF - 1 井获得无阻流量 $14.33 \times 10^4$ $m^3/d$ ,HF - 2 井日产气 $3.5 \times 10^4$ $m^3$ 。

3. 岩矿特征

须一段主要分布在盆地南部和西部,为黑色炭质页岩和深灰色-灰黑色薄层状泥岩夹灰色薄层状粉砂岩、泥质砂岩和灰色细砂岩透镜体,含气页岩层段厚度为 11 ~ 55 米。须一段碎屑矿物含量为 30% ~ 76% ,平均 52% ,成分主要为石英,含少量长石,不含岩屑;黏土矿物含量为 24% ~ 68% ,平均 44% ,主要为伊利石和绿泥石,其次为高岭石和伊/蒙混层,含少量绿/蒙混层;碳酸盐岩含量基本在 10% 以下。

须三段为灰色-深灰色薄层状泥岩、粉砂质泥岩灰色薄层状泥质砂岩、泥质粉砂岩和灰色细砂岩透镜体及煤线,厚 27 ~ 64 m。须三段含气页岩主要由碎屑矿物、黏土矿物组成,含少量碳酸盐岩和菱铁矿。其中碎屑矿物含量为 19% ~ 76% ,平均 46% ,成分主要为石英,含少量长石,不含岩屑;黏土矿物含量为 21% ~ 81% ,平均 46% ,主要为伊利石和绿泥石,高岭石、伊/蒙混层和绿/蒙混层一般都在 10% 以下;碳酸盐岩含量大部分在 10% 以下,局部较高,达 34% 。

须五段为深灰色薄层状泥岩和黑色炭质页岩夹灰白色-灰色中细砂岩透镜体和灰色薄层状泥质粉砂岩,厚度为 30 ~ 130 m。须五段含气页岩中碎屑矿物含量为 12% ~ 74% ,平均 52% ,成分主要为石英,含少量长石,不含岩屑;黏土矿物含量为 17% ~ 88% ,平均 41% ,主要为伊利石和绿泥石,其次为高岭石和伊/蒙混层,含少量绿/蒙混层;碳酸盐岩含量大部分在 10% 以下。

4. 孔渗特征

须一段孔隙度为 1.35% ~ 4.96% ,平均 2.796% ,孔隙度较小,渗透率为 $5.0 \times 10^{-6}$ ~ $2.49 \times 10^{-3}$ $\mu m^2$ 。

须三段孔隙度为1.79%~5.03%,平均2.94%,孔隙度较小,渗透率为$3.80 \times 10^{-5}$~$4.2 \times 10^{-3}$ $\mu m^2$。

须家河组五段孔隙度为1.64%~2.46%,平均2.06%,孔隙度较小,渗透率为$3.3 \times 10^{-6}$~$8.00 \times 10^{-5}$ $\mu m^2$(图5-19)。

图5-19 须家河组陆相页岩微观孔隙特征

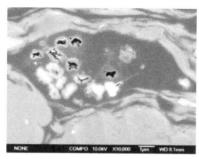

(a) 有机质孔,JA52,3 147.7 m,$T_3x^3$

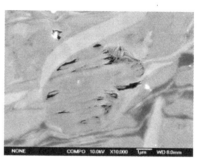

(b) 黏土矿物层间孔,JM104,4 435.7 m,$T_3x^3$

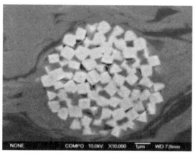

(c) 黄铁矿粒间孔,JM104,4 435.7 m,$T_3x^3$

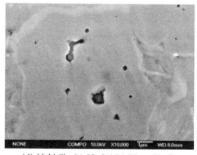

(d) 溶蚀孔,JA52,3 154.70 m,$T_3x^3$

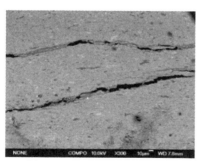

(e) 微裂缝,DS1,2 010.80 m,$T_3x^3$

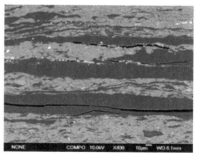

(f) 有机质内微裂缝,JA52,3 147.7 m,$T_3x^3$

### 5.4.2 西北中小盆地

我国发育 400 多个小盆地,这些中小盆地多数开展过程度不同的油气勘探,已经在几十个盆地发现油气显示,说明盆地有烃源岩分布,是页岩油气勘探的潜在领域。全国页岩气资源潜力调查评价及有利区优选项目对西北的部分中小盆地开展了页岩油气的摸底,取得了部分资料。

1. 六盘山盆地

马东山组和乃家河组的富有机质泥页岩发育层段厚度约为 20 ~ 200 m,埋深分别为 500 ~ 3 000 m 和 400 ~ 2 800 m,马东山组 TOC 含量为 0.20% ~ 3.09%,乃家河组介于 0.66% ~ 3.55%,有机质热演化程度总体处于未熟-低熟阶段。

2. 民和盆地

窑街组含气泥页岩发育层段厚度约为 40 ~ 140 m,埋深分别为 2 500 ~ 6 000 m,TOC 含量为 1.7% ~ 42.3%,有机质热演化程度总体处于生油高峰阶段。

3. 潮水盆地

含气泥页岩发育层段厚度约为 20 ~ 90 m,埋深约为 500 ~ 2 800 m,潮水盆地青土井群 TOC 含量为 1.5% ~ 4.2%,均值为 2.66%,有机质热演化程度处于未熟-低熟阶段。

4. 雅布赖盆地

青土井群含气泥页岩发育层段厚度约为 60 ~ 350 m,埋深约为 1 000 ~ 2 800 m,TOC 含量为 0.5% ~ 2.5%,平均值为 0.7%,有机质热演化程度总体处于未熟-低熟生烃演化阶段。

5. 花海凹陷

下沟组含气泥页岩发育层段厚度约为 20 ~ 120 m,埋深约为 1 000 ~ 2 600 m,下沟组 TOC 含量为 1.0% ~ 3.0%,有机质热演化处于生油高峰阶段,氯仿沥青"A"含量高达 0.17% 以上,而且已有多口探井见油气显示或低产油流。中沟组含气泥页岩发育层段厚度约为 20 ~ 400 m,埋深约为 600 ~ 1 600 m,TOC 含量为 1.0% ~ 6.0%,有机质热演化程度整体处于未熟-低熟演化阶段。

6. 银根-额济纳盆地

阿木山组富有机质泥页岩发育层段厚度约为 90 ~ 300 m,TOC 含量为 0.02% ~

2.65%,平均值为0.6%,风化校正后为0.94%,有机质热演化程度高过成熟生烃演化阶段。

### 7. 焉耆盆地

八道湾组含气泥页岩发育层段厚度约为 15~50 m,埋深约为 2 000~4 000 m,三工河组富有机质泥页岩发育层段厚度约为 20~45 m,埋深约为 1 200~3 200 m;西山窑组富有机质泥页岩发育层段厚度约为 2.5~25 m,埋深 1 200~2 800 m;八道湾组TOC 含量为 0.27%~5.95%,均值为 2.97%;三工河组 TOC 含量为 0.12%~5.76%,均值为 1.80%;西山窑组 TOC 含量为 0.23%~5.86%,均值为 1.77%;三个层系有机质热演化程度整体处于成熟阶段。

### 8. 伊宁凹陷

小泉沟群和铁木里克组富有机质泥页岩发育层段厚度分别为 30~330 m 和 200~1 300 m,埋深分别为 0~5 500 m 和 0~6 000 m,伊犁盆地小泉沟群泥泥页岩 TOC 含量为 0.08%~4.77%,平均值为 1.16%,铁木里克组 TOC 含量为 0.1%~2.92%,平均值为 1.0%,有机质热演化程度整体处于成熟阶段。

第6章

页岩油气
主要潜力
区分布

## 6.1　　　海相页岩气资源潜力区

### 6.1.1　　　上扬子及滇黔桂牛蹄塘组

上扬子牛蹄塘组含气页岩层段厚度高值区有 4 个,即:川南-黔中,以宜宾-长宁为中心,从威远至自贡、泸州、金沙岩孔,贵阳一带的有效厚度一般大于 60 m,形成的范围主要走向是北西向;川北-大巴山,该区有效厚度自盆地向造山带逐渐变厚,主要是渐变的趋势;鄂西渝东,该区有效厚度大于 60 m 的区域向东增厚,形成了以咸 2 井至铜仁北的沉积中心;黔东南,黔山 1 井至铜仁南形成这样一个厚度大于 60 m 的中心。牛蹄塘组地层厚度与有效页岩段厚度并不一致,如丁山 1 井牛蹄塘组厚度达 189 m,其有效厚度仅有 2 m,仅占总厚 1.05%。川中的高科 1 井厚度 141.5 m,其有效厚度为 40 m,占总厚的 28.3%。

优选出寒武系页岩气有利区 6 个,主要发育于下寒武统牛蹄塘组,累计面积 85 751 km²,主要分布在川西南、黔中古隆起、渝东南-黔北、湘鄂西、黔东北、黔东南等地区。从调查井岩心含气量测试结果看,埋深大于 1 000 m 时,含气量明显升高,牛蹄塘组热演化程度高,从岑页 1 井等勘查井的压裂试采结果看,可采性有待进一步研究。

### 6.1.2　　　上扬子龙马溪组

下志留统黑色含气页岩层段由乐山-龙女寺古隆起向鄂西地区、川南地区和川北地区逐渐变厚,黔中古隆起向北变厚,分布面积较下寒武统筇竹寺组小,以川东、川南、鄂西地区最为发育。黑色含气页岩层段与五峰-龙马溪组的厚度变化较一致,五峰-龙马溪组地层较厚的地区有效厚度也要大得多。

上扬子志留系页岩气有利区 5 个,主要发育于上奥陶统五峰组-下志留统龙马溪组,累计面积 74 328 km²,主要分布在川南、川东、渝东南、湘鄂西、黔北、大巴山前缘。

## 6.1.3 上扬子及滇黔桂石炭系

打屋坝组及其等时地层旧司组、岩关组富有机质页岩主要分布在贵州南部、西部和桂中地区。其中贵州的威宁和晴隆-代化地区发育较好,优选出 3 个页岩气有利区。3 个有利区面积合计 7 549 km$^2$,其中晴隆-代化有利区资源潜力大,含气页岩厚度大。从岩石结构及矿物组成分析,部分地区黏土矿物含量高,不利于压裂改造。

## 6.1.4 中下扬子荷塘组(/幕府山组/王音铺组和观音塘组)

中下扬子荷塘组黑色含气页岩层段厚度中心主要分布于皖南-浙西、苏北和赣西北地区。位于该组地层的下部。

岩性主要为碳质页岩、硅质泥岩,碳质页岩厚度较大,向上硅质含量增加,以硅质岩为主,这一特征与早寒武世中后期裂谷作用加强引起的水侵密切相关。中下扬子下寒武统黑色页岩有利区共选出 10 个,累计面积 78 106 km$^2$。荷塘组热演化程度高,构造改造强,目前还没有取得良好的页岩气显示。

## 6.1.5 鄂尔多斯盆地下古

下古生界含气页岩层系主要发育于中奥陶统下平凉组,属于海相富有机质含气页岩层,厚度超过 35 m。平面上,下平凉组含气页岩层段主要分布于盆地西缘和西南缘的台地前缘碎屑岩斜坡相带和深水盆地相带内,横向变化较大。共优选出有利区 1 个。下平凉组有利区主要位于西缘北段西缘冲断带、天环坳陷内,内蒙古刘庆 7 井、布 1 井一线,南北向条带状展布,面积约 640.291 km$^2$。下平凉组有利区面积较小,认识程度偏低。

### 6.1.6　　　塔里木盆地古生界

塔里木盆地中下寒武统泥页岩主要发育在塔里木盆地西部的玉尔吐斯组和盆地东部的西山布拉克组,为一套泥页岩组合。其中西山布拉克组泥页岩分布范围较大,泥页岩累计厚度最大超过 150 m。玉尔吐斯组仅分布在塔里木盆地西南缘,泥页岩累积厚度为 50 ~ 100 m。

塔里木盆地奥陶系泥页岩主要发育在塔里木盆地塔东中下奥陶统黑土凹组及盆地西部地区柯坪隆起–阿瓦提断陷的中上奥萨尔干组。中下奥陶统黑土凹组泥页岩主要分布于满加尔坳陷东部,最大厚度为 150 m;中上奥陶统萨尔干页岩厚度一般小于100 m,为高丰度泥页岩。

塔里木盆地晚古生界泥页岩层段主要分布在下石炭统和什拉甫组与卡拉沙依组(表 6 – 1)。

表6-1　塔里木盆地页岩气有利区

| 层　　　系 | 有利区个数 | 有利区面积/km² |
|---|---|---|
| 石炭系 | 1 | 934.56 |
| 奥陶系 | 2 | 3 790.14 |
| 寒武系 | 2 | 2 639.39 |
| 合　　计 | 5 | 7 364.09 |

塔里木盆地古生界富有机质页岩发育层位多,分布广,但大部分富有机质页岩埋藏深,尽在台盆区边部埋藏较浅,是目前页岩气勘探的有利区。

### 6.1.7　　　柴达木盆地石炭系

石炭系暗色泥页岩主要发育在上石炭统克鲁克组,部分剖面累计厚度可达200 m以上。克鲁克组含气泥页岩厚度主要为 30 ~ 150 m,空间上主要分布在柴北缘德令哈断陷、欧南凹陷,尕丘凹陷。上石炭统克鲁克组优选了尕丘凹陷、红山断陷-欧南凹陷和德令哈断陷 3 个页岩气有利区,面积分别约为 490 km² 、500 km² 和 1 590 km² 。

## 6.2 海陆过渡相页岩气资源潜力区

### 6.2.1 上扬子及滇黔桂梁山组、龙潭组

下二叠统梁山组含气页岩层段在毕节-织金-长顺-罗甸一线以南,处深水陆棚、斜坡带及盆地沉积环境,潜质页岩厚度较大,总体大于 10 m,沉积中心在晴隆花贡一带,最大泥页岩沉积厚度达 300.3 m,潜质页岩厚度达 170 m。

综合基础地质、地球化学、储集物性等特征,分析认为贵州地区下二叠统梁山组页岩气聚集发育的有利区位于威宁-水城及晴隆地区。

贵州地区上二叠统龙潭组页岩气聚集发育的最有利区主要位于黔西北工区大方-黔西大片区域以及黔西南工区威宁、盘县、晴隆、贞丰、兴义一带。

关岭岗乌-晴隆光照有利区含气页岩保存较完整,分布较稳定,埋藏深度约为 500 ~ 3 500 m,以中山分布为主。含气页岩厚度一般为 20 ~ 40 m,TOC 含量为 4.0% ~ 6.0% ;成熟度为 1.5% ~ 2.0% ,处于高成熟阶段,保存条件较好。

普安地瓜-青山有利区埋藏深度不超过 2 500 m,以中山分布为主。含气页岩 TOC 含量为 4.0% ~ 8.0% ;含气页岩单层厚度为 26.4 ~ 43.8 m,往北东有所增厚;成熟度高于 1.3% ,处于高成熟阶段,保存条件较好。

兴仁巴铃-安龙龙山有利区埋藏深度不超过 3 500 m,以中山分布为主。龙潭组泥页岩 TOC 含量为 4.0% ~ 8.0% ,生烃潜力较大;含气页岩单层平均厚度为 10 ~ 30 m,往西北部有所增厚;成熟度高于 1.5% ,处于高成熟阶段,保存条件较好。

大方-黔西有利区含气页岩厚度约为 25 ~ 40 m,TOC 含量较高,普遍大于 5.0% ,具有良好的生烃潜力。成熟度为 2.4% ~ 2.6% ,处于热演化中晚期。地貌以中低山为

主。页岩含气量可达 2.5～10.9 m³/t,含气量高。

总体上,梁山组达到页岩气开发厚度的有利区面积相对较少,且黏土矿物含量高,不利于储层改造。龙潭组为煤系地层,在西南地区分布广,埋深和热演化适中,具有富有机质页岩、煤层、致密砂岩互层特点,且岩性、含气性、气体类型多样,但单独开采均没有取得明显成效。龙潭组是开展页岩气、煤层气、致密气等多气综合勘查开采的有利层位。

## 6.2.2　　　中下扬子

上二叠统吴家坪期是中国南方主要的成煤时期,主要发育有龙潭组(乐平组)煤系地层和吴家坪组碳酸盐岩地层,其中龙潭组煤系地层是煤层气和页岩气的主要勘探层位,形成环境是三角洲平原沼泽环境。

1. 湘中地区

龙潭组泥页岩层系在整个研究区内大面积分布,最厚的部位分别在相应的三个二级构造的沉降中心附近,三个二级凹陷中心部位的厚度都在 30 m 以上。

2. 下扬子地区

富有机质页岩主要分布在龙潭组的中上部,厚度一般在 50～200 m 左右,岩性主要为黑色碳质页岩、泥岩和粉砂岩、细砂岩,泥、页岩与粉砂岩、细砂互层,夹煤层。

研究区龙潭组的沉积中心位于长兴、广德一带,且泥页岩的累计厚度相对较大,通常在 50～200 m,尤其在苏南-皖南一带,泥页岩累计厚度基本在 200 m 左右,是重要的暗色泥页岩发育区。

乐平组(也称龙潭组)地层在本区分布较广,在区内主要为一套海陆交互相的含煤碎屑岩建造,但在锦江流域则是以海相为主的含煤建造。乐平组总厚度一般为 50～250 m,沉积中心最厚可达 260 m 以上。

中下扬子区的煤系地层分布较广,但富有机质页岩发育不稳定,所含煤层也较薄,可采煤层少,后期构造改造强,选区、选段都很困难,需要大幅度提高研究程度和认识程度。

### 6.2.3 华北石炭-二叠系

华北石炭-二叠系页岩气有利区主要分布在南华北盆地、沁水盆地和鄂尔多斯盆地,页岩气有利区面积小,数量多、分布广。有利区主要集中在山西组,其次为太原组和下石河子组,南华北盆地南部的上石河子组下部也有发育。有利区内的含气页岩层段多,如鄂尔多斯盆地最多可以划分出 8 个含气页岩层段,含气页岩层段厚度变化大,部分含气页岩层段厚度达到 80 m 以上。含气页岩层段的含气量变化大,在 1 ~ 6 $m^3/t$,多数在 1 ~ 3 $m^3/t$。含气页岩层段岩性成分复杂,泥页岩、粉砂岩互层明显,夹有煤层、碳酸盐岩层细砂岩层等。与龙潭组一样,页岩气单独开采的前景有限,是页岩气、致密气、煤层气,甚至低渗气综合勘查开采的有利层位。

## 6.3 陆相页岩气、页岩油有利区优选

### 6.3.1 四川盆地须家河组、自流井组

四川盆地三叠系页岩气有利区主要分布于上三叠统须家河组的须一、须三、须五段。须五段有利区 2 个,累计面积 39 674 $km^2$,分布在名山-洪雅-新津和资阳-遂宁-巴中地区;须三段有利区 1 个,累计面积 38 637 $km^2$,分布在资阳-南充;须一段有利区 1 个,累计面积 8 597 $km^2$,分布在夹江-犍为地区。须家河组须一、须三、须五段岩性变化大,互层性特点突出,富有机质页岩的黏土矿物含量偏高,如何优选可开采的目标层段是实现其开采成功的关键。

侏罗系页岩气有利区主要分布在四川盆地,其中自流井组大安寨段有利区 1 个,累计面积 10 527 $km^2$,东岳庙段有利区 1 个,累计面积 7 205 $km^2$;千佛崖组有利区 1 个,累计面积 13 407 $km^2$,均分布于元坝-涪陵东北部地区。作为典型的湖相页岩气目标层段,半深湖、深湖相富有机质页岩的可压性不如浅湖相,但含气量高;浅湖相夹层

多，但含气量不及半深湖和深湖相。因此，如何选区是重点问题。

### 6.3.2　江汉盆地

江汉盆地新沟嘴组下段-沙市组上段烃源岩为古新世至始新世早期江汉盆地第一构造旋回坳陷阶段沉积的湖相泥质烃源岩，平面上缺乏明显的生油深洼陷，受物源的影响，具有南厚北薄的特点。

新沟嘴组下段发育有一套沉积稳定的主力烃源岩，厚度为 200～300 m，有机质丰度高，有机碳、氯仿沥青"A"和总烃含量平均值分别为 1.00%、0.073 1% 和 551 μg/g；母质类型以偏腐殖混合型和腐殖型为主，处于成熟-高成熟阶段（$R_o$ 为 0.8%～1.6%），为较好生油岩。

新沟嘴组下段泥页岩在潜江凹陷、江陵凹陷厚度大，分布广，一般为 50～200 m，平均厚度分别为 96 m 和 102 m，分布面积分别为 1 494 km² 和 2 563 km²，主要分布于资福寺向斜、总口向斜和潘场向斜带；其次为沔阳凹陷，一般厚度为 50～150 m，平均厚度 87 m，分布面积 918 km²；小板、陈沱口凹陷相对较小，平均厚度分别为 112 m 和 100 m，分布面积分别为 420 km² 和 563 km²。

潜江组烃源岩为始新世晚期至渐新世早期江汉盆地第二构造旋回坳陷阶段沉积的湖相泥质烃源岩。烃源岩厚度为 500～700 m；有机质丰度高，有机碳、氯仿沥青"A"和总烃含量分别达到 1.06%、0.332 7% 和 1 138 μg/g；生油母质好，以偏腐泥型为主，腐泥型、偏腐泥混合型母质类型分别占 56% 和 41.7%，大部地区处于成熟阶段。

潜江组泥页岩在潜江凹陷厚度最大，一般为 200～2 000 m，平均 723 m，分布面积 2 282 km²，其中潜江凹陷蚌湖次洼厚度达 1 200～2 000 m；江陵、小板凹陷厚度一般为 100～600 m，平均分别为 257 m 和 452 m，分布面积 767 km² 和 188 km²。

新沟嘴组和潜江组目标层页岩油开采的难题是如何优选出含油率高且利于压裂改造的目标层段。

### 6.3.3　苏北盆地

通过苏北盆地阜四、阜二段页岩岩相、地球化学标准剖面分析,认为阜四段发育有阜四段页1、页2、页3、页4共4个含气页岩层段,其中页1段分布范围比较局限,主要分布于深凹带和部分内坡带,页2~4段分布范围逐渐变广,高邮、金湖凹陷均有分布;页1、页2、页3、页4各页岩层段有机质丰度均较高,生烃条件有利;阜二段发育5个页岩层段,各页岩段在高邮、海安和盐城凹陷全区分布,厚度变化不大,其中阜二段页1~4段及阜二页5的上部有机质丰度较高,生烃条件有利。

综合分析,苏北盆地新生界泥页岩厚度大、丰度高、物性相对较好、脆性矿物含量高,是苏北地区页岩油气勘探最为有利的含油页岩层。平面上阜四段页岩油气勘探有利区主要分布在高邮凹陷的深凹带,$E_1f_2$ 页岩段的有利区主要分布在各凹陷的深凹带及内坡带。

### 6.3.4　萍乐坳陷安源组

萍乐坳陷安源组三家冲段泥页岩暗色富有机质页岩有机质类型Ⅲ型,TOC含量分布范围为0.8%~5.17%,平均为1.61%,有机质成熟度分布范围为0.96%~2.29%,热演化程度表现出西高东低的特点,东部处于成熟阶段,而中西部则处于高成熟和过成熟阶段。西部地区莲花小江矿区和萍乡白源北矿区和中部地区樟树刘公庙矿区的页岩岩心的含气性解析结果表明安源组三家冲段的灰色含碳质泥质粉砂岩、粉砂质泥岩及泥页岩都有页岩气的显示,页岩气富集并保存比较好的地区为鄱阳盆地和萍乡盆地,共优选出2个区块。

### 6.3.5　渤海湾盆地

渤海湾盆地自东营组至孔店组发育有多个含油气页岩层段,且各坳陷的发育特点不同,黄骅坳陷自东营组东三段及以下地层开始发育页岩油气,冀中坳陷、济阳坳陷自沙河街组沙一段开始发育有页岩油气,东濮坳陷自沙河街组三段开始发育有页岩油气。

### 1. 东营组三段

其中东营组东三段含油气页岩层段在黄骅坳陷演化程度适中,$R_o$ 为 0.5% ~ 0.6%,主要以页岩油为主,有利区位于歧口凹陷东北部的歧口和白水地区有利区,面积为 828 $km^2$,其他坳陷不发育。

### 2. 沙河街组沙一段

冀中坳陷沙一段泥页岩 $R_o$ 为 0.5% ~ 2.1%,主要以页岩油为主,有利区面积为 2 516 $km^2$,主要分布于保定东部的饶阳凹陷和霸县凹陷。

黄骅坳陷沙一段页岩油有利区面积 1 201 $km^2$,分布较广,主要分布于歧口和白水一带。

济阳坳陷沙一段有利页岩油气区面积及页岩油资源相对较少,面积为 324.37 $km^2$,主要分布在沾化凹陷的渤南和孤北地区。

### 3. 沙河街组沙三段

济阳坳陷沙三下亚段有利页岩油气层段有利页岩油气区面积为 2 102 $km^2$,主要分布于南部的东营凹陷民丰-利津-牛庄地区,有利页岩油气区面积为 843 $km^2$;其次为沾化凹陷的渤南地区,有利页岩油气区面积为 294 $km^2$。

冀中坳陷沙三段页岩油有利区面积为 2 560 $km^2$,分布较广,主要分布在廊坊-保定一带。

黄骅坳陷沙三段页岩油有利区面积为 1 408 $km^2$,主要分布在歧口和白水东部。

东濮凹陷沙河街组沙三段发育 3 个页岩油有利区层段。沙三上亚段页岩油有利区面积为 319 $km^2$,主要分布在濮城和文留、户部寨一带。沙三中亚段页岩油有利区面积为 165 $km^2$,主要分布在濮卫洼陷,马寨-柳屯-文留-前梨园一带。沙三下亚段页岩油有利区面积最小为 70 $km^2$,分布在柳屯-马寨地区。

### 4. 沙河街组沙四段

济阳坳陷沙四上亚段页岩油有利区面积为 1 032 $km^2$,主要分布于南部的东营凹陷民丰-利津-牛庄地区和沾化凹陷。

冀中坳陷沙四段页岩油有利区面积为 387 km²，页岩油资源量为 $0.85 \times 10^8$ t。分布面积较小，主要分布在石家庄-廊坊一带。

5. 孔店组

冀中坳陷孔二段页岩油有利区面积为 120 km²，分布在孔南地区石家庄一带。

黄骅坳陷孔二段页岩油有利区面积为 400 km²，分布在孔南地区沧县-黄骅一带。

### 6.3.6　南襄盆地

南襄盆地泌阳凹陷发育有 3+4、5、6 号含油气页岩层段。其中，3+4 号含油气页岩层段有利区位于深凹区，有利区面积为 102 km²。5 号含油气页岩层段有利区位于深凹区的赵凹至梨树凹之间，有利区面积为 104 km²。6 号含油气页岩层段具备形成"类巴肯"页岩油藏的有利条件，有利区面积为 102 km²。进一步加强目标层段优选，提高其开发效果是发展关键。

### 6.3.7　鄂尔多斯盆地

1. 页岩油有利区

鄂尔多斯盆地中生界长 4+5 段页岩油有利区位于陕西正宁的正 2 井至富县的中富 28 井之间，面积约为 614 km²；长 7 段页岩油有利区位于宁夏盐池、陕西吴旗、下寺湾、富县之间，面积约为 21 808.49 km²。长 9 段页岩油有利区位于陕西下寺湾区块，面积约为 391.90 km²。

2. 页岩气有利区

长 7 段有利区位于伊陕斜坡南部陕西华池、富县、洛川之间，面积约为 14 240.49 km²；长 9 段有利区位于伊陕斜坡南部吴旗、延安、富县一线，面积约为 17 192.16 km²。

### 6.3.8　　　松辽盆地

#### 1. 页岩油

松辽盆地齐家-古龙凹陷青一段及嫩一段发育有页岩油有利区。其中请一段页岩油有利区面积约为 3 730 km², 含油页岩厚度大于 50 m; 嫩一段页岩油有利面积为 5 400 km², 含油页岩厚度大于 45 m。

松辽盆地南部长岭地区嫩二段、嫩一段和青一段顶部发育有页岩油有利区, 长岭地区页岩油有利区主要位于松花江以南、长岭以北、通榆以东、松原以西的广大地区。其中嫩一、二段页岩油有利区面积大, 达近万平方公里, 青一段页岩油有利区面积相对小, 约为 7 589 km²。

#### 2. 页岩气

松辽盆地齐家-古龙凹陷的页岩气有利区的主要发育在青一段, 有利区面积约为 450 km², 含气页岩层段厚度大于 60 m。

梨树断陷营一段II泥组、I泥组和沙二段页岩气有利区。梨树断陷页岩气有利区主要位于桑树台深洼区, 营一段I泥组在苏家屯次洼苏 2、梨 2 井附近也发育一定范围的有利区, 有利区面积合计为 840 km²。

### 6.3.9　　　塔里木盆地

塔里木盆地陆相页岩气有利区主要发育在中下侏罗统, 其中中侏罗统发育 4 个有利区, 下侏罗统发育 3 个有利区。中侏罗统页岩气有利区主要分布在库车坳陷-拜城凹陷-阳霞凹陷北部、塔东草湖-满东地区和塔西南喀什-叶城凹陷。库车坳陷有利区面积约为 1 743 km², 埋深为 2 000 ~ 4 500 m。塔东地区有利区面积约为 1 790 km², 埋深为 3 000 ~ 4 500 m。塔西南坳陷有利区面积约为 1 279 km², 埋深为 2 000 ~ 3 000 m。下侏罗统页岩气有利区主要分布在库车坳陷的克深和依南-野云地区及塔东草湖凹陷-满东地区。库车坳陷有利区面积约为 1 437 km², 埋深为 3 000 ~ 4 500 m。塔东有利区面积为 5 972 km², 埋深为 3 000 ~ 4 000 m。

### 6.3.10　准噶尔盆地

#### 1. 页岩气有利区

准噶尔页岩气有利区主要发育在三叠系和侏罗系。三叠系页岩气主要发育在上三叠统白碱滩组,有利区主要位于达巴松和玛湖一带。达巴松有利区面积约为 1 599 km$^2$,埋深处于 3 640 ~ 4 500 m。玛湖有利区面积为 1 685 km$^2$,埋深处于 2 470 ~ 3 820 m。侏罗系页岩气主要富集层位是下侏罗统八道湾组,有利区位于达巴松一带,面积为 4 600 km$^2$,埋深为 2 600 ~ 4 000 m。

#### 2. 页岩油有利区

准噶尔盆地页岩油有利区主要发育在下二叠统风城组和中二叠统芦草沟组。下二叠统风城组有利区位于盆地西北部,面积为 492 km$^2$,埋深为 3 000 ~ 5 000 m。

中二叠统芦草沟组有利区有两个,分别是北部的五彩湾-石树沟凹陷和东南部的吉木萨尔凹陷。五彩湾-石树沟有利区面积为 2 509 km$^2$,埋深为 2 000 ~ 4 000 m;东南部的吉木萨尔有利区面积为 1 280 km$^2$,埋深为 2 000 ~ 4 500 m。

### 6.3.11　吐哈盆地

#### 1. 页岩气有利区

吐哈盆地侏罗系页岩气主要发育在中侏罗统西山窑组和下侏罗统八道湾组,二叠系桃东沟群也有少量页岩气前景。

二叠系桃东沟群埋深大部分大于 4 500 m,所优选出的有利区埋深为 4 250 ~ 4 500 m,面积为 279 km$^2$,位于连木沁附近。

侏罗系八道湾组有利区仅分布在台北凹陷,面积约为 2 306 km$^2$。其中胜北次洼北部有利区面积为 855 km$^2$,丘东次洼山前带及小草湖次洼有利区面积为 1 447 km$^2$。泥页岩埋深为 2 250 ~ 4 500 m。

侏罗系西山窑组页岩气远景区范围较大,台北凹陷、哈密坳陷均有有利区发育,有利区总面积为 1 849 km$^2$。其中胜北次洼有利区面积为 294 km$^2$,丘东次洼有利区面积为 294 km²，小草湖次洼有利区面积为 1 261 km²，哈密凹陷有利区面积为 331 km²。西山窑组有利区埋深为 2 000 ~ 3 750 m。

### 2. 页岩油有利区

吐哈盆地页岩油有利区主要分布在侏罗系七克台组，七克台组页岩油有利区主要集中在胜北、丘东次凹，面积为 912 km²，有利区以深湖-半深湖相泥页岩为主，泥页岩层段埋深为 2 000 ~ 2 500 m。

## 6.3.12    三塘湖盆地

三塘湖盆地页岩油有利区主要发育在二叠系芦草沟组二段，有利区主要分布在马朗凹陷的中部，沉积环境主要为深湖相和半深湖相，面积为 200 km²。

另外，哈尔加乌组下段在马朗凹陷的西南部和东北部发育有页岩油有利区，面积为 261 km²。哈尔加乌组上段页岩油有利区主要分布在条湖-马朗凹陷的西南部和东北部，面积为 106 km²。

## 6.3.13    柴达木盆地

### 1. 侏罗系页岩气有利区

柴达木盆地侏罗系页岩气有利区主要分布在柴北缘。其中，在下侏罗统湖西山组划分出 2 个含气页岩层段，在冷湖构造带优选出了 2 个页岩气有利区，面积分别约为 460 km²和 340 km²。

中侏罗统大煤沟组五段为含气页岩层段，优选了鱼卡断陷、红山-欧南凹陷、德令哈断陷和苏干湖坳陷 4 个页岩气有利区，面积分别约为 467 km²、880 km²、1 032 km²和 312 km²。

中侏罗统大煤沟组七段优选了鱼卡断陷、红山断陷和德令哈断陷 3 个页岩油有利区，面积分别约为 586 km²、779 km²和 2 060 km²。

## 2. 古近系页岩气有利区

在柴达木盆地古近系下干柴沟组共优选出 3 个页岩气有利区。其中,下干柴沟组层段 1 页岩气有利区主要分布于狮子沟南部和油砂山两翼,埋深为 3 700 ~ 4 000 m,面积约为 356 km²。下干柴沟组层段 2 页岩气有利区主要分布于狮子沟南部、油泉子北部和油砂山地区,埋深为 3 100 ~ 3 600 m,面积约为 1 339 km²。下干柴沟组层段 3 页岩气有利区主要分布于油泉子西北部和油砂山地区,埋深为 2 400 ~ 3 000 m,面积约为 1 024 km²。

## 3. 古近系页岩油有利区

上干柴沟组层段 4 页岩油有利区主要分布于狮子沟东南部,埋深为 1 500 ~ 3 000 m,面积约为 392 km²。

## 6.3.14　西北地区中小盆地

西北地区的六盘山盆地白垩系马东山组的上部和乃家河组的上部,民和盆地侏罗系窑街组的中下部,潮水盆地侏罗系青土井群的中部,雅布赖盆地侏罗系新河组下段的上部,银-额盆地二叠系阿木山组的中下部,花海凹陷白垩系下沟组的上部和中沟组的下部,焉耆盆地侏罗系八道湾组上部、三工河组的上部、三工河组、西山窑组的上部,伊宁凹陷小泉沟群和铁木里克组,酒泉盆地赤金堡组、下沟组、中沟组等,为西北地区中小盆地页岩油气发育的有利层段。在这些层段优选出多个页岩油气有利区(表 6 - 2)。

| 盆　　地 | 地　　层 | 有　利　区 | 面积/km² |
|---|---|---|---|
| 六盘山盆地 | 马东山组 | 海源 | 655 |
| | | 哨口 | 654 |
| 民和盆地 | 窑街组 | 野狐城 | 1 101 |
| 潮水盆地 | 青土井群青二段 | 油深 1 井-潮参 2 井 | 1 122 |
| 雅布赖盆地 | 新河组下段 | 雅深 1 井南 | 528 |

表6-2　西北地区部分中小盆地页岩油气有利区

（续表）

| 盆　地 | 地　层 | 有　利　区 | 面积/km² |
|---|---|---|---|
| 花海凹陷 | 下沟组 | 花深 9 井(油) | 156 |
| | 中沟组 | 花深 11 井(油) | 28 |
| 焉耆盆地 | 八道湾组 | 博湖-包头湖 | 887 |
| | 三工河组 | 博湖、包头湖 | 661 |
| | 西山窑组 | 博湖 | 509 |
| 伊宁凹陷 | 铁木里克组 | 宁 1 井-宁 3 井 | 659 |
| 酒泉盆地 | 赤金堡组 | 青西、石大 | 324 |
| | 下沟组 | 青西、石大、营尔 | 136 |
| | 中沟组 | 营尔(油) | 74 |

### 6.3.15　其他潜在有利区

本章未对所有优选出的有利区进行全面介绍。此外页岩油气资源调查评价和有利区优选也没有对已经发现油气显示的全部烃源岩层位进行评价。潜在有利区还很多，需要在进一步的资源调查评价工作中进一步分析评价。

## 6.4　全国页岩气、页岩油有利区

在我国陆域(不包括青藏地区及部分中小盆地)共选出页岩气有利区 233 个,累计面积为 $87.7 \times 10^4$ km²。其中上扬子及滇黔桂区 37 个,累计面积为 $41.6 \times 10^4$ km²,占总累计面积的 47.43%,中下扬子及东南区 46 个,累计面积为 $24.9 \times 10^4$ km²,占总累计面积的 28.34%;华北及东北区 95 个,累计面积为 $16.4 \times 10^4$ km²,占总累计面积的 18.73%;西北区 55 个,累计面积为 $4.8 \times 10^4$ km²,占总累计面积的 5.50%(表 6-3)。

表6-3 全国页
岩气发育有利区
大区分布

| 大　　区 | 有利区个数 | 有利区面积 ×10$^{-4}$/km$^2$ | 占总累计面积比例 |
|---|---|---|---|
| 上扬子及滇黔桂区 | 37 | 41.6 | 47.43% |
| 中下扬子及东南区 | 46 | 24.9 | 28.34% |
| 华北及东北区 | 95 | 16.4 | 18.73% |
| 西北区 | 55 | 4.8 | 5.50% |
| 合　　计 | 233 | 87.7 | / |

　　全国共选出页岩油有利区 60 个(不包括青藏地区及部分中小盆地),累计面积为 $21.5 \times 10^4$ km$^2$。其中上扬子及滇黔桂区 2 个,累计面积为 $5.7 \times 10^4$ km$^2$,占总累计面积的 26.56%,主要分布在四川盆地中北部;中下扬子及东南区 12 个,累计面积为 $1.3 \times 10^4$ km$^2$,占总累计面积的 6.07%,主要分布在洞庭盆地的沅江凹陷,江汉盆地的潜江凹陷、江陵凹陷、陈沱口凹陷、小板凹陷和沔阳凹陷和苏北地区的高邮凹陷、金湖凹陷、海安凹陷和盐城凹陷;华北及东北区 29 个,累计面积为 $13.1 \times 10^4$ km$^2$,占总累计面积的 60.86%,主要分布在松辽盆地及外围地区和渤海盆地及外围地区,其次为鄂尔多斯盆地及外围地区和南襄盆地的泌阳凹陷;西北区 17 个,累计面积为 $1.4 \times 10^4$ km$^2$,占总累计面积的 6.5%,主要分布在准噶尔盆地的三叠系和柴达木盆地的侏罗系(表 6-4)。

表6-4 全国页
岩油发育有利区
分布

| 大　　区 | 个　　数 | 有利区面积 ×10$^{-4}$/km$^2$ | 占总累计面积比例 |
|---|---|---|---|
| 上扬子及滇黔桂区 | 2 | 5.7 | 26.56% |
| 中下扬子及东南区 | 12 | 1.3 | 6.07% |
| 华北及东北区 | 29 | 13.1 | 60.86% |
| 西北区 | 17 | 1.4 | 6.5% |
| 合　　计 | 60 | 21.5 | / |

## 6.5 全国页岩气、页岩油资源潜力

综合所有有利区页岩气资源评价结果,全国 233 个页岩气有利区页岩气资源量的系统评价,得到页岩气有利区地质资源潜力为 $123.01 \times 10^{12}$ $m^3$(不含青藏区及部分中小盆地),可采资源量为 $21.84 \times 10^{12}$ $m^3$。其中,上扬子及滇黔桂区为 $71.32 \times 10^{12}$ $m^3$,中下扬子及东南区为 $20.63 \times 10^{12}$ $m^3$,西北区为 $17.30 \times 10^{12}$ $m^3$,华北及东北区为 $13.76 \times 10^{12}$ $m^3$,占全国总量的百分数如表 6 - 5 所示。

表 6-5 全国页岩气资源评价结果(单位: $10^{12}$ $m^3$)(不含青藏区及部分中小盆地)

| 地 区 | 资源潜力 | 概 率 分 布 | | | | |
|---|---|---|---|---|---|---|
| | | $P_5$ | $P_{25}$ | $P_{50}$ | $P_{75}$ | $P_{95}$ |
| 上扬子及滇黔桂区 | 地质资源 | 108.87 | 87.18 | 71.32 | 57.02 | 38.52 |
| | 可采资源 | 17.14 | 13.77 | 11.26 | 8.99 | 6.06 |
| 中下扬子及东南区 | 地质资源 | 31.55 | 25.35 | 20.63 | 16.69 | 13.38 |
| | 可采资源 | 5.96 | 4.75 | 3.84 | 3.09 | 2.46 |
| 西北区 | 地质资源 | 24.37 | 19.63 | 17.30 | 14.77 | 11.49 |
| | 可采资源 | 4.68 | 3.74 | 3.21 | 2.68 | 2.01 |
| 华北及东北区 | 地质资源 | 19.04 | 15.80 | 13.76 | 11.91 | 10.17 |
| | 可采资源 | 4.88 | 4.05 | 3.53 | 3.06 | 2.61 |
| 合 计 | 地质资源 | 183.84 | 147.95 | 123.01 | 100.38 | 73.56 |
| | 可采资源 | 32.66 | 26.31 | 21.84 | 17.83 | 13.14 |

全国页岩气可采资源潜力为 $21.84 \times 10^{12}$ $m^3$(不含青藏区)。其中,上扬子及滇黔桂区为 $11.26 \times 10^{12}$ $m^3$,中下扬子及东南区为 $3.84 \times 10^{12}$ $m^3$,西北区为 $3.21 \times 10^{12}$ $m^3$,华北及东北区为 $3.53 \times 10^{12}$ $m^3$。

汇总 60 个页岩油有利区资源评价结果,全国页岩油有利区地质资源 $402.67 \times 10^8$ t,可采资源 $37.06 \times 10^8$ t。其中,上扬子及滇黔桂区地质资源量为 $23.30 \times 10^8$ t,占总量的 5.79%,可采资源量为 $4.66 \times 10^8$ t;中下扬子及东南区地质资源量为 $17.09 \times 10^8$ t,占全国有利区地质资源总量的 4.24%,可采资源量为 $1.50 \times 10^8$ t;华北及东北区地质资源量为 $263.08 \times 10^8$ t,占总量的 65.33%,可采资源量为 $22.17 \times 10^8$ t;西北

区有利区地质资源量为 $99.20 \times 10^8$ t,占该区总量的 24.64%,可采资源量为 $8.73 \times 10^8$ t(表 6 - 6)。

| 评价单元 | 资源潜力 | 概 率 分 布 | | | | |
|---|---|---|---|---|---|---|
| | | $P_5$ | $P_{25}$ | $P_{50}$ | $P_{75}$ | $P_{95}$ |
| 上扬子及滇黔桂区 | 地质资源量 | 46.37 | 29.82 | 23.30 | 18.87 | 11.67 |
| | 可采资源量 | 9.27 | 5.96 | 4.66 | 3.77 | 2.33 |
| 中下扬子及东南区 | 地质资源量 | 31.64 | 23.19 | 17.09 | 11.30 | 6.58 |
| | 可采资源量 | 2.78 | 2.04 | 1.50 | 0.99 | 0.58 |
| 华北及东北区 | 地质资源量 | 543.43 | 386.19 | 263.08 | 185.55 | 119.79 |
| | 可采资源量 | 45.80 | 32.55 | 22.17 | 15.64 | 10.10 |
| 西北区 | 地质资源量 | 293.40 | 152.27 | 99.20 | 64.79 | 36.14 |
| | 可采资源量 | 25.82 | 13.40 | 8.73 | 5.70 | 3.18 |
| 合 计 | 地质资源量 | 914.84 | 591.48 | 402.67 | 280.51 | 174.18 |
| | 可采资源量 | 83.67 | 53.95 | 37.06 | 26.10 | 16.19 |

表 6 - 6  全国页岩油
有利区资源评价结果
(单位: $10^8$ t)

页岩气地质
分析与选区
技术发展趋势

## 7.1　选区评价研究进展

### 1. 页岩油气目标层段岩石、矿物学研究

通过对美国已开发页岩油气层系的深入分析,逐步认识到页岩油气储层岩石、矿物组成的复杂性,对页岩油气储层的整体解剖不断加强。对页岩油气储层的认识由泥页岩层系转变为烃源岩层系,对其岩性的认识由泥页岩转变为复杂岩性段。含油气页岩层段一般由多种岩性层按一定沉积规律形成,岩性一般在 8 种以上,矿物成分包括石英、长石、岩屑、碳酸盐岩矿物,伊利石、蒙皂石、高岭石、绿泥石等黏土矿物,另外还含有一定数量的有机质。

储层的矿物组成与储层脆性关系密切。一般用脆性矿物含量来衡量储层脆性。脆性矿物的统计口径不同,脆性指标结果不同。当有机碳含量增加,会降低储层脆性。因此,进行储层脆性分析时,要考虑有机碳含量对储层脆性的影响。

### 2. 页岩油气目标层段有机地球化学研究

页岩油气储层有机地球化学研究,首先研究有机质类型、含量,特别是有机碳含量在目标层段的分布特征,用来确定优质目标层段的厚度及分布,通过研究热演化程度的上限,确定目标层段生烃能力及生烃史。在此基础上,研究目标层段的有机碳含量下限,不同有机质类型对页岩油气形成与富集的影响,不同矿物成分、化学成分对有机质转化的影响。

当目标层段有机碳含量总体达到 1.75% 以上时,其生成的油气可以饱和其自身的需要;$R_o$ 低于 3.0% 时,还具有生烃能力,大于 3.0% 时,生烃能力明显下降,大于 3.5% 时,生烃能力基本消失。对于热演化程度大于 3.5% 的目标层段,其顶底板的稳定性和封堵能力,决定了对已生成页岩气的保存能力和勘探前景。

上扬子牛蹄塘组的热演化程度普遍大于 3.5% ,生烃高峰已过,目前的含气性主要取决于保存条件。从勘探结果看,四川盆地内由于保存条件相对较好,多口井获得了页岩气工业气流;上扬子东南斜坡区牛蹄塘组底板为硅质岩,区域顶板为泥页岩,总体封堵条件较好,在远离深大断裂的相对稳定区含气性较好,页岩气成分以甲烷为主,已经实施的天星 1 井、黄页 1 井、岑页 1 井等在 1 300 m 以下均获得了页岩气气流;其他地区牛蹄塘组底板为白云岩,顶板泥页岩段较薄,封堵能力相对较差,1 500 m 以浅的

含气性较差;在深大断裂及两侧一定范围内,由于地下水的垂直循环深度较大,页岩气的成分多以氮气为主,不具备勘探价值。

### 3. 页岩油气目标层段含油气性研究

首先是页岩油气储层含油气性资料数据的获取理论及技术方法的进一步优化,包括岩心解析,录井、测井资料的含油气性解释理论及技术方法的研究。在获取页岩油气目标层段含油气性资料数据基础上,分析目标层段含油气性特征,包括页岩气成分及其影响因素,含油气性在目标层段的变化规律,含油气性与埋深关系,与目标层段有机质类型、含量关系,与热演化程度的关系,与顶底板封堵能力的关系,与断层等穿层构造的关系等,总结目标层段含油气性特征,进一步优选、评价目标层段及页岩油气有利区。从目前的进展看,牛蹄塘组含气性的影响因素较多,特别是构造和顶底板条件对其含气性的影响较大。

### 4. 页岩油气目标层段储集特征研究

页岩油气储层矿物、岩石组成的特殊性,决定了其储集空间的多样性,对其储集空间的研究,是页岩油气储层研究的重要方面。由于页岩油气目标层段的矿物颗粒较细,且含有一定数量的有机质,因此,其储集空间类型也多种多样,包括矿物粒间孔、粒内孔、溶蚀孔等无机孔,有机质热演化形成的有机质孔,构造活动、矿物演化形成的微裂缝、裂缝等。储集空间的尺度跨度较大,大多数为微米级和纳米级储集空间,多微米级储集空间为主,纳米级储集空间是页岩油气储层的重要储集空间类型之一。

页岩油气储层的孔隙度一般在10%以下,有效孔隙度为2%~5%,基质渗透率很低,一般为超低渗透储层。其中,牛蹄塘组的有效孔隙度偏低。

### 5. 页岩油气储层地质力学研究

页岩油气储层必须经过压裂改造才能形成有效产能,地质力学研究是重要的研究内容之一。地质力学研究包括现今地应力研究、储层岩石力学研究,以及在特定地应力条件下,层状各向异性储层在压裂时的表现特征预测等。

现今应力场研究内容之一为不同埋深储层的最大、最小和中间主应力状态和应力大小。应力状态有两种:浅层为最小主应力垂直,最大和中间主应力水平的应力状态;深部为中间主应力垂直,最大和最小主应力水平的应力状态。

由于压裂裂缝一般垂直于最小主应力,沿着最大和中间主应力所在平面形成并延展,因此,浅层一般形成水平压裂裂缝,采用直井压裂开发,可以使目标层段形成多个水平分布了压裂裂缝,裂缝总波及面积较大。如果采用水平井压裂开发,会顺着井筒形成一条较长的水平缝,裂缝波及面积没有明显扩大,页岩气产量提高有限。

当最小主应力为水平状态时,一般会形成直立压裂裂缝,这时采用水平井压裂开发较为有利。当储层埋深较大时,地应力处于水平状态,适于采用水平井进行开发。

采用水平井进行开发时,水平井段的延伸方向需要进行优化设计,由于压裂裂缝垂直最小主应力形成,因此,水平井段的延伸方向要尽量与最小主应力垂直,保证压裂效果;裂缝与井筒尽量垂直,使压裂波及的范围最大。

在以上应力状态下,特别是水平井压裂开发时,还要进一步考虑地应力的剖面变化,找到最主要压裂层段,确定最大压裂压力,控制裂缝缝高在要求范围内,防止击穿顶底板导致压裂失败。

## 7.2　　技术进展

### 1. 地震勘探技术

我国页岩气勘探目前还处于初期普查阶段,主要采用二维地震勘探技术。虽然我国的三维地震勘探技术成熟,但在页岩气勘探开发方面还没有大规模应用。我国的地震装备以引进为主,地震施工量较大,处理解释经验丰富。

（1）含气页岩物性研究

通过三维地震对含气页岩层段物性研究、直接确定"甜点",该方法参照北美地区对含气页岩的物性研究,建立含气页岩物性参数计算模型。

（2）地震采集处理和解释技术

地震资料常规解释方法与常规油气藏解释方法技术没有区别;最经典的三瞬参数解释技术也应用到富有机质页岩的研究中;以相干、曲率、蚂蚁追踪等技术为代表的体属性分析技术已经开始应用于页岩地震勘探中;属性反演直接寻找页岩气"甜点"方法也曾尝试应用。

## 2. 钻完井技术

我国页岩气勘探主要采用直井井型进行钻探,对钻探显示页岩气开采前景良好的直井,多转换为水平定向井进行页岩气试采。我国勘探井取心主要采取钻杆取心方法。

我国页岩气刚刚进入开发阶段,水平定向井和井组主要进行试采。目前,我国在水平定向井施工方面面临的技术问题较多。含气页岩层段地层软,层理发育,井眼稳定性差,在钻进过程中保持井眼稳定是页岩气水平井遇到的普遍问题,这一问题经科技攻关已取得较大进展,使得钻完井效率有了较大提高。

国产钻井装备效率高,大量钻机出口到北美、中南美洲等地。但先进的水平井地质导向装备仍要租用国外产品,国内地质导向产品精度还有待进一步提高。

## 3. 测井技术

我国测井装备和处理解释软件主要依赖于进口。测井资料处理技术已追上国外水平,还需要不断积累针对页岩气的处理解释经验。

## 4. 储层改造技术

我国主要采用水力压裂技术对页岩气储层进行改造,目前最多可以压裂22段。但多级压裂技术还不够成熟,大规模应用的经验不足,作业周期长、事故多、压裂级数少等问题还没有解决,少水、无水压裂技术还没有提上日程。分段压裂所需可钻式桥塞主要依赖进口,而国产桥塞主要用于出口。2013年中石油已实现钻完井全部国产化实验。

## 5. 微地震监测技术

微地震监测技术在国内已开始应用,但与压裂施工的集成度不高,无法做到数据实时反馈。及时修改压裂参数,优化压裂施工,还需要积累经验、发展装备、研发控制软件以及发展适用技术。

## 6. 分析测试技术

页岩气含气量测试评价技术、储层测试评价技术、地应力测试分析是页岩气分析测试的几个关键测试分析技术。我国在含气性测试评价方面,主要以钻井岩心现场快速解析和岩心样品的等温吸附模拟为主。储层物性测试评价技术目前受钻井数量和岩心的限制,还需要不断研究;地应力分析技术需要将已有技术有效应用。

### 7. 页岩气井配产方式

国外早期页岩气井的生产方式为初期高产,并快速递减,第一年的递减达到峰值的 65%~75%,之后缓慢递减,长期低产。近年来,生产厂商开始研究试验早期限产的生产方式,以保持地层压力,提高单井最终采收率。通过模拟分析,预计页岩气单井的最终采收率会提高 5% 以上。我国目前的开发试验井也处于限产生产阶段。

企业采取快速递减生产还是保压限产生产,主要取决于企业的经济效益分析结果。

## 7.3　　开发经济性

一套页岩在实现商业开发前,一般要先打 20~40 口试验井,试验井因取心、各种测井、分析测试和固井压裂等投入较多。

在天然气价格一定时,页岩气开发的经济性取决于单井控制的可采储量及单井投资和生产成本。在成本一定时,页岩气预测单井控制的最终采出量越大,经济效益越高。

### 1. 单井控制可采储量

我国目前焦石坝页岩气为 2.78 元/$m^3$,单井投资为 6 000 万~8 000 万元,如果单井最终产量达到 $0.6 \times 10^8$ $m^3$,则静态价值为 1.67 亿元,扣除地面建设和生产成本,预测会有效益。

而彭水区块页岩气井口价为 2.08 元/$m^3$,单井投资在 6 000 万~8 000 万元,如果单井最终产量达到 $0.6 \times 10^8$ $m^3$,则静态价值 1.25 亿元,扣除地面压缩和生产成本,预测也会有效益。

美国主要页岩的单井控制可采储量差别较大。其中 Marcellus 页岩单井控制可采储量为 $1.19 \times 10^8$~$1.61 \times 10^8$ $m^3$,Barnett 页岩单井控制可采储量为 $0.85 \times 10^8$ $m^3$,Fayetteville 页岩单井控制可采储量为 $0.68 \times 10^8$~$0.74 \times 10^8$ $m^3$,Haynesville

页岩单井控制可采储量为 $1.42 \times 10^8 \sim 2.13 \times 10^8 \ \mathrm{m}^3$，Eagle Ford 页岩单井控制可采储量为 $2.41 \times 10^8 \ \mathrm{m}^3$。一般是开发深度越大，单井控制可采储量越大。Fayetteville 页岩、Barnett 页岩、Marcellus 页岩的埋深相对较浅，单井控制矿产储量相对较少；Haynesville 页岩埋深相对较大，单井控制可采储量也多。但总体上，单井控制可采储量在 $0.6 \times 10^8 \ \mathrm{m}^3$ 以上。与美国对比，我国单井产量达到 $0.6 \times 10^8 \ \mathrm{m}^3$ 的要求较低。

### 2. 开发成本

我国页岩气单井成本相对较高，四川及重庆地区页岩气单井钻完井及压裂成本在 6 000 万~8 000 万元。美国页岩气井单井钻完井及压裂成本在 280 万~720 万美元，并且在逐年下降。按美元与人民币比价 1∶6.2 计算，相当于 1 800 万~4 500 万元人民币，成本不到我国的一半(表 7 - 1)。

表 7 - 1 美国页岩气开发成本(2010 年数据)

| 页岩油气层系 | 单井成本/百万美元 | 单井成本/百万元 | 权利金(royalties) | 发现和开采成本/(美元/Mcf) |
|---|---|---|---|---|
| Haynesville 页岩 | 7.2 | 44.64 | 0.25 | 1.48 |
| Marcellus 页岩 | 4.5 | 27.9 | 0.15 | 1.26 |
| Barnett 页岩 | 2.8 | 17.36 | 0.25 | 1.41 |
| Fayetteville 页岩 | 3.1 | 19.22 | 0.17 | 1.5 |
| Colony granite Wash 页岩 | 6.25 | 38.75 | 0.2 | 1.37 |
| TX PH granite Wash 页岩 | 4.5 | 27.9 | 0.2 | 1.18 |
| 平均 | 4.71 | 29.202 | 0.2 | 1.37 |

### 3. 生产模式

页岩气井的生产方式选择与企业决策有关，通常有两种生产模式。如果要尽快回收成本且产量接替方式为新井弥补老井产量方式，如美国页岩气井的典型生产方式，即单井产量在早期快速下降、长期低产的生产模式。另一种生产方式为保证开发区块有较为长期、稳定的产量，采取保压限产、提高采收率的生产方式。

（1）单井产量快速下降、长期低产模式

单井产量快速下降、长期低产模式的特点是单井产量在生产初期较高，美国直井初始产量可达 $10^4$ m³ 以上，水平井可达 $6 \times 10^4 \sim 10 \times 10^4$ m³ 以上。我国单井产量差别较大，从几千立方米到百万立方米以上不等。如果不加以控制，保持储层压裂、限制单井产量，页岩油气产量下降快，单井产量在 1～1.5 年下降 60%～70%。生产周期长，单井产量在经历了早期快速下降后，进入产量缓慢下降的长期低产阶段，生产时间一般可持续 30～50 年以上。为维持区块页岩气产量必须不断通过新井来弥补老井的产量快速递减（图 7-1，图 7-2）。

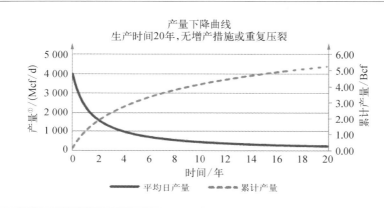

图 7-1 页岩气经典生产模式曲线（无重复压裂）（Ryan J. Duman, 2012）[1]

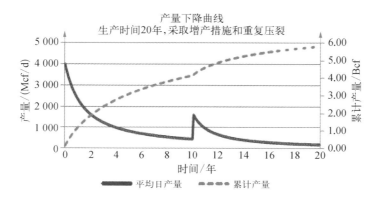

图 7-2 页岩气经典生产模式曲线（重复压裂）（Ryan J. Duman, 2012）

[1] 注：1 Mcf = 28.317 m³。

（2）保压限产、提高采收率生产模式

保压限产、提高采收率生产模式的特点是控制单井产量在无阻流量的 1/3～1/5、保持压力缓慢下降,页岩气产量曲线较为平稳,只需要少量新井就可弥补老井的产量递减,后期投入相对较少(图 7-3)。

图 7-3 页岩气保压限产生产模式曲线（J. Michael Yeager, 2011）

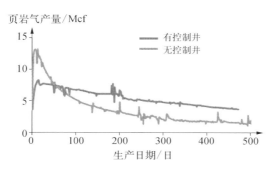

油鹰（Petrohawk）公司在海因斯维尔页岩开展了采气率管理先导实验,从井开始产气到正式生产期间进行产量控制,保持地层压力,确保压裂裂缝有更长的开启时间。结果为:
无控制井的 EUR 为 4～6 Bcf
有控制井的 EUR 为 7～9 Bcf

（3）获利方式

美国页岩气的大量开采,导致天然气供大于求,美国页岩气企业是如何获利的,一直是一个受到关注的问题。美国页岩气多为湿气,甚至为页岩油伴生气,这为其开发获利提供了较大空间。

一般情况下,页岩气井产出物进入集输管线后,要将其中的一部分产量作为权利金分给资源所有者,如土地主、州或联邦。剩余的部分进行石油、凝析油与湿气分离,湿气分为液化石油气和干气。之后,各类产品按不同的价格进入不同的消费市场(图 7-4)。

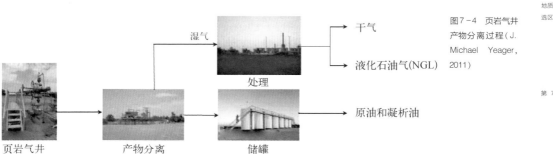

湿气

干气

液化石油气(NGL)

处理

原油和凝析油

页岩气井　　　　产物分离　　　储罐

图7-4　页岩气井
产物分离过程(J.
Michael Yeager,
2011)

## 7.4　宏观管理改革进展

国家已经将页岩气纳入能源战略视野,页岩气资源的战略调查与勘探开发及国际合作已经引起党中央和国务院的高度重视。2011 年 3 月,《我国国民经济和社会发展"十二五"规划纲要》中明确提出"推进煤层气、页岩气等非常规油气资源开发利用",目前我国正在制定的《科学发展的 2030 年国家能源战略》也将页岩气放在重要位置予以重视。

国家科技重大专项"大型油气田及煤层气开发"专门设立"页岩气勘探开发关键技术"项目。各石油企业均成立了专门研究机构,开展页岩气潜力评价和选区研究。中国地质大学(北京)等相关院校也在积极开展页岩气成藏机理方面的研究。我国地方政府与民间资本也积极筹备投入页岩气开发,具有较高的热情,一些地方已经开始筹备页岩气开发的相关基础工作。

针对页岩气这一新的能源资源,国土资源部加强了页岩气勘探开发管理工作。2010 年提出"调查先行、规划调控、竞争出让、合同管理"工作思路,有序推进页岩气勘探开发工作,在全国划分了页岩气资源远景区,为加强页岩气矿业权管理提供了依据。

编制页岩气勘探开发"十二五"发展规划。会同国家能源局编制页岩气勘探开发

"十二五"发展规划,制订了页岩气勘探开发总目标,具体规划内容和目标,重点勘探开发领域和地区等。

开展页岩气探矿权出让招标。引入市场机制,对页岩气资源管理制度进行创新,2011年成功开展了页岩气探矿权出让招标,完成了我国油气矿业权首次市场化探索,向油气矿业权市场化改革迈出了重要一步。

申报页岩气为独立新矿种。国土资源部在近年来开展的页岩气资源调查评价和研究的基础上,通过与天然气、煤层气对比,开展了页岩气新矿种论证、申报工作,经国务院批准将页岩气作为新矿种进行管理。同时,国土资源部制定了页岩气资源管理工作方案,进一步明确了页岩气资源管理的思路、工作原则以及主要内容和重点等。

2012年10月26日,国土资源部为积极稳妥推进页岩气勘查开采,出台《国土资源部关于加强页岩气资源勘查开采和监督管理有关工作的通知》(国土资发〔2012〕159号),强调要充分发挥市场配置资源的基础性作用,坚持"开放市场、有序竞争,加强调查、科技引领,政策支持、规范管理,创新机制、协调联动"的原则,以机制创新为主线,以开放市场为核心,正确引导和充分调动社会各类投资主体、勘查单位和资源所在地的积极性,加快推进、规范管理页岩气勘查、开采活动,促进我国页岩气勘查开发快速、有序、健康发展。其中第八条明确提出:鼓励开展石油天然气区块内的页岩气勘查开采。石油、天然气(含煤层气,下同)矿业权人可在其矿业权范围内勘查、开采页岩气,但须依法办理矿业权变更手续或增列勘查、开采矿种,并提交页岩气勘查实施方案或开发利用方案。对具备页岩气资源潜力的石油、天然气勘查区块,其探矿权人不进行页岩气勘查的,由国土资源部组织论证,在妥善衔接石油、天然气、页岩气勘查施工的前提下,另行设置页岩气探矿权。对石油、天然气勘查投入不足、勘查前景不明朗但具备页岩气资源潜力的区块,现石油、天然气探矿权人不开展页岩气勘查的,应当退出石油、天然气区块,由国土资源部依法设置页岩气探矿权。已在石油、天然气矿业权区块内进行页岩气勘查、开采的矿业权人,应当在本《通知》发布之日起3个月内向国土资源部申请变更矿业权或增列勘查、开采矿种。

为大力推动我国页岩气勘探开发,增加天然气供应,缓解天然气供需矛盾,调整能源结构,促进节能减排,财政部、国家能源局于2012年1月出台了《关于出台页岩气开发利用补贴政策的通知》,通过中央财政对页岩气开采企业给予补贴,2012—2015年的补贴标准为 0.4 元/m³,补贴标准将根据页岩气产业发展情况予以调整。地方财政可根据当地页岩气开发利用情况对页岩气开发利用给予适当补贴,具体标准和补贴办法由地方根据当地实际情况研究确定。

## 7.5　我国页岩气开发趋势

从勘探进展看,我国已经获得页岩气气流的目标层系有筇竹寺组,五峰-龙马溪组,龙潭-大隆组,延长组,须家河组须三、须五段,自流井组东岳庙段,大安寨段等多个层系。目前只有五峰-龙马溪组实现规模化开发,其他目标层系还需要不断探索。

上扬子龙马溪组是 2020 年前页岩气增储上产的主力目标层系。自 2009 年中石油部署实施威 201 井,正式开始页岩气勘探以来,经过 6 年的发展,到 2014 年,页岩气产量达到了 $13 \times 10^8$ m³,展示出页岩气具有上产快、见效快、发展迅速的特点,是非常规发展的重点之一。

四川盆地南部和东部取得突破的含气页岩层系为龙马溪组。统计中石油和石化页岩气资源评价成果,这个含气页岩层系在川南和川东的页岩气地质资源量为 $19 \times 10^{12}$ m³,可采资源量 $4.5 \times 10^{12}$ m³。页岩气开发风险相对较低,具有进行规模化开发的资源基础和技术基础。

川南、川东龙马溪组是实现页岩气规模化突破的重要系和地区。根据 2012 年石油公司规划,2015 年可以基本实现 $65 \times 10^8$ m³ 的产量目标,2015 年的实际产量在 $50 \times 10^8$ m³ 左右,目标基本实现;在现有体制不变时,2020 年页岩气产量为 $260 \times 10^8 \sim 360 \times 10^8$ m³,中石化为 $120 \times 10^8 \sim 150 \times 10^8$ m³,中石油为 $130 \times 10^8 \sim 200 \times 10^8$ m³,其他企业页岩气产量为 $10 \times 10^8 \sim 20 \times 10^8$ m³。

按到 2020 年年产 $800 \times 10^8$ m³、稳产 30 年计算,以龙马溪组为主要页岩气产层进行规划,需动用川南、川东页岩气可采资源量 $4.5 \times 10^{12}$ m³ 的一部分,即 $2.4 \times 10^{12}$ m³,就可以实现上述目标。要动用川南、川东地区龙马溪组页岩气资源,需要在川南、川东实施页岩气勘探开发额示范区建设,通过矿权调节,有效动用龙马溪组页岩气可采资源量,实现以上目标。

四川盆地三叠系须家河组、侏罗系自流井组页岩气开发逐步展开。四川盆地须家河组的须一、须三、须五段,朱罗系自流井组大安寨段、东岳庙段等已经取得天然气勘查突破。目前首先需要解决的是统一页岩油气的概念,加强有利层段优选和适用技术开发,解决所面临的几个关键问题,争取在 2020 年后成为新的页岩油气开发领域。

加强煤系地层页岩气、煤层气、致密气综合勘查和开发研究,力争开辟非常规油气资源新领域。上扬子的龙潭组,华北的石炭一二叠系,西北的侏罗系等煤系地层发育,煤系地层以页岩气、煤层气、致密气叠置连片发育为主要特征,煤层气开发受深度和煤系地层厚度限制,页岩气受储层厚度和规模限制,致密气受储层厚度和规模限制。这导致在 1 000 m 以深的煤层气开发困难,储层横向变化快的页岩气勘查开发难度加大,储层较薄(小于 3 m)的致密气开发效益低下。因此,需要开展煤系地层页岩气、煤层气、致密气综合勘查开发研究。目前这方面的研究已经起步,有望在 2020 年前取得技术突破,2025 年形成开发规模,成为新的非常规天然气领域。

## 7.6 地质、技术、装备及管理的集成是页岩气开发成功的关键

页岩气的成功开发,地质理论认识和各项技术的集成应用起到了重要作用。斯伦贝谢、哈利伯顿、贝克休斯等国际石油服务公司均十分重视地质理论认识和各项技术的综合集成工作,将其作为公司重要的技术领域进行大力发展和推广应用。我国石油行业在这方面较国外落后较多,各专业之间协调配合不够,还没有将其作为一项可以创造经济价值的重要领域进行主动发展。

页岩气开发过程是一个地质综合分析研究、地震、钻完井、压裂、微地震检测等多项技术集中应用和管理创新相结合的过程,也是一个全方位降低成本的过程。

地震勘探是分析地质结构、沉积和地层层序,确定目标层系分布规律的主要手段。其中,利用三维地震信息准确识别断层、溶洞,清晰描述目标层特征,包括直接识别脆性高产区等,该技术已经成为页岩气勘探开发的主流技术之一。

钻井设计考虑的内容更为全面,要为后续的完井和压裂提供优质的井筒质量,合适的钻井泥浆、优质的井下工具、精细的钻井控制技术,是保证储层高效钻进,保证井筒质量,减少井壁坍塌的重要手段。优质的固井质量保证地下环境安全以及压裂质量。

测井技术的发展已经可以直接进行矿物识别,游离气、吸附气资源潜力评价,地应力剖面评价,通过测井综合解释可以直接确定最有利层段。随钻测井技术的发展,可以保证水平井段测井的有效实现。

合适的压裂液、多段压裂配套技术和井下工具保证多段压裂质量。合理的返排试采安排保证开发成功并提高采收率。

规模化开发降低成本。井工厂式开发,批量钻井、减少用地、减少钻机搬迁,批量压裂、减少压裂装备搬迁、压裂配套设施准备。批量返排试采,减少返排和试采成本。

专业化经营分散风险,降低成本。直井段、水平段由不同钻机专业化施工;压裂施工按专业分工,泵送封隔器、射孔枪,返排物处理等有专门公司配合压裂公司完成。

以上各项工程实现有机结合,保证各项工程的有效配合,提高页岩气勘探开发的整体质量和效率,关键在管理创新。国际上知名油服公司为此组建了统一的管理机构,管理机构针对某个具体项目的具体问题,利用现代化通信手段,调动其分布在世界各地的技术力量进行会诊,提出最优解决方案,并付诸实施。这些公司通过创新管理,为其创造了近30%的新增产值。

# 参考文献

[ 1 ] Lash G G. The upper Devonian Rhinestreet Shale：An Unconvertional Reservoir in Western New York State. SUNY Fredonia，NY，2008.

[ 2 ] Law B E，Curtis J B. Introduction to unconventional petroleum systems. AAPG bulletin，2002，86(11)：1851－1852.

[ 3 ] 高瑞棋. 泥岩异常高压带油气的生成排出特征与泥岩裂缝油气藏的形成. 大庆石油地质与开发，1984，3(1)：165－172.

[ 4 ] 高瑞棋. 泥岩异常高压带油气的生成排出特征与泥岩裂缝油气藏的形成. 中国隐蔽油气藏勘探论文集. 哈尔滨：黑龙江科学技术出版社，1984.

[ 5 ] 张爱云，伍大茂，郭丽娜，等. 海相黑色页岩建造地球化学与成矿意义. 北京：科学出版社，1987.

[ 6 ] 张爱云. 海相黑色页岩中一种动物型的有机显微组分. 现代地质，1987，1(2)78－85，160－161.

[ 7 ] 关德师，牛嘉玉，郭丽娜，等. 中国非常规油气地质. 北京：石油工业出版社，1995.

[ 8 ] 关德师，黄保家，严经芳. 中国生物气藏及成藏类型. 中国海上油气地质，1996，10(4)：25－30.

［ 9 ］戴金星,何斌,孙永样,等.中亚煤成气聚集域形成及其源岩——中亚煤成气聚集域研究之一.石油勘探与开发,1995,22(3).

［10］王德新,江裕彬,吕从容.在泥页岩中寻找裂缝油、气藏的一些看法.西部钻探工程,1996,8(2):12－14.

［11］王德新,彭礼浩,吕从容.泥页岩裂缝油、气藏的钻井、完井技术.西部钻探工程,1996,8(6):15－17.

［12］文玲,胡书毅,田海芹.扬子地区寒武系烃源岩研究.西北地质,2001,34(2):67－74.

［13］文玲,胡书毅,田海芹.扬子地区志留纪岩相古地理与石油地质条件研究.石油勘探发,2002,29(6):11－14.

［14］Ross D J K, Bustin R M. Characterizing the shale gas resource potential of Devonian-Mississippian strata in the Western Canada sedimentary basin: Application of an integrated formation evaluation. AAPG bulletin, 2008, 92(1): 87－125.

［15］刘丽芳,徐波,张金川,等.中国海相页岩及其成藏意义.中国科协2005学术年会论文集,以科学发展观促进科技创新(上).北京:科学技术出版社,2005, 457－463.

［16］Chong J, Simikan M. Shale Gas in CANADA: Resource Potential, Current Production and Economic Implications. Publication No. 2014－08－E, January 2014.

［17］Bustin M R, Bustin A, Ross D, et al. Shale gas opportunities and challenges. Oral presentation at AAPG Annual Convention. San Antonio, Texas, April 20－23, 2008, Search and Discovery Articles 40382 (2009), Posted February 20, 2009.

［18］Curtis J B, Montgomery S L. Recoverable natural gas resource of the United States: Summary of recent estimates. AAPG bulletin, 2002, 86(10).

［19］Curtis J B. Fractured shale-gas systems. AAPG bulletin, 2002, 86(11): 1921－1938.

［20］ Deo M. Shale gas promise and current status. University of Utah, Salt Lake City, UT.

［21］ Rokosh C D, Pawlowicz J G, Berhan E H, et al. What is shale gas? An introduction to shale-gas geology in alberta ［G］. ［S. 1. ］: Energy Resources Conservation Board. ERCB / AGS Open File Report, 2008: 26.

［22］ Ross D J K, Bustin R M. Shale gas potential of the lower jurassic gordondale member, northeastern British Columbia, Canada. Bulletin of Canadian Petroleum Geology, 2007, 55(1): 51 - 75.

［23］ Rokosh C D, et al. Summary of Alberta's Shale- and Siltstone-Hosted Hydrocarbon Resource Potential. Edmonton, Energy Resources Conservation Board, October 2012.

［24］ Matt M. Barnett Shale gas-in-place volume including sorbed and free gas volume: AAPG Southwest Section Meeting, Texas, March 2003. Fort Worth: Texas, 2003.

［25］ Hill D G, Lombardi T E. Fractured gas shale potential in New York. Colorado: Arvada, 2002.

［26］李玉喜,张大伟,张金川.页岩气新矿种的确立及其意义.天然气工业,2012,32(7): 1 - 6.

［27］国土资源部油气资源战略研究中心,等.我国油气资源新区新领域战略选区.北京:地质出版社,2013.

［28］张金川,汪宗余,聂海宽,等.页岩气及其勘探研究意义.现代地质,2008,22(4): 640 - 646.

［29］张金川,徐波,聂海宽,等.中国页岩气资源量勘探潜力.天然气工业,2008,28(6): 136 - 140.

［30］张金川,薛会,卞昌蓉,等.中国非常规天然气勘探雏议.天然气工业,2006,26(12): 53 - 56.

［31］张大伟,李玉喜,张金川,等.全国页岩气资源潜力调查评价.北京:地质出版社,2012.

［32］国土资源部油气资源战略研究中心,等.全国页岩气资源潜力调查评价及有利

区优选. 北京: 科学出版社, 2016.

[ 33 ] Daniel M, Jarvie, R, Paul Philp, et al. Geochemical assessment of unconventional shale resource plays, North America. Submitted for publication in AAPG Bull. Special Issue on Shale Resource Plays due out 2nd quarter 2010.

[ 34 ] Aigner T. Calcareous tempestites: storm-dominated stratification in Upper Muschelkalk limestones ( Middle Trias, SW-Germany ). Heidelberg: Springer, 1982.

[ 35 ] Slatt R, Singh P, Borges G, et al. Reservoir characterization of unconventional gas shales: Example from the Barnett Shale. Oral presentation at AAPG Annual Convention, San Antonio, TX, April 2008.

[ 36 ] Vermylen J, Zoback M D. Hydraulic fracturing, microseismic magnitudes, and stress evolution in the Barnett Shale. Texas, USA. SPE Hydraulic Fracturing Technology Conference. Society of Petroleum Engineers, 2011.

[ 37 ] Treadgold G, Campbell B, McLain B, et al. Eagle Ford shale prospecting with 3D seismic data within a tectonic and depositional system framework. The Leading Edge, 2011, 30(1): 48 - 53.

[ 38 ] Treadgold G, Campbell B, McLain B. Eagle ford shale exploration-regional geology meets geophysical technology, Mar, 2011, Chengdu.

[ 39 ] LaFollette R. Key considerations for hydraulic fracturing of gas shales. BJ Services Company, September, 2010.

[ 40 ] Beard T. Fracture design in horizontal shale wells-data gathering to implementation. For the Hydraulic Fracturing Study: Well Construction and Operation, 2011: 61.

[ 41 ] Zoback M, Kitasei S, Copithorne B. Addressing the environmental risks from shale gas development. Washington, DC: Worldwatch Institute, 2010.

[ 42 ] Kent B. Recent development of the Barnett shale play, Forth Worth Basin. West Texas Geol Soc Bull, 2003, 2: 6.

[ 43 ] Knight D P. Fracking good or fracking bad? Is unconventional gas good for the

planet and good for the economy? FEASTA and WinACC.

[ 44 ] 斯仑贝谢公司. 页岩气藏的开采. 油田新技术,2006,(3)：19－21.

[ 45 ] 陈文玲,周文,罗平,等. 四川盆地长芯 1 井下志留统龙马溪组页岩气储层特征研究,岩石学报,2013,29(3)：1073－1086.

[ 46 ] 谢忱,张金川,李玉喜,等. 渝东南渝科 1 井下寒武统富有机质页岩发育特征与含气量. 石油与天然气地质,2013,34(1)：11－16.

[ 47 ] Trembath A, Jenkins J, Nordhaus T, et al. Where the shale gas revolution came from：Government's role in the development of hydraulic fracturing in shale. Breakthrough Institute, 2012.

[ 48 ] Eia U S. Review of emerging resources：US Shale gas and shale oil plays. AU Reports & Publications, 2011, 135.

[ 49 ] Morgantown United States Department of Energy Technology Center. Unconventional gas resources — a research program in cooperation with industry to reduce the uncertainties associated with the size of the resources an the methods of extraction Morgantown, WV, 1980.

[ 50 ] Harris L D, Milici R C. Characteristics of thin-skinned style of deformation in the southern Appalachians, and potential hydrocarbon traps. Petroleum, 1977.

[ 51 ] TRW energy systems planning division. Cowing and logging plan eastern gas shales project. Prepared for the united states energy research and development administration, march 1977.

[ 52 ] Warlick D. Gas shale and CBM development in North America. Oil and Gas Financial Journal, 2006, 3(11)：1－5.

[ 53 ] Jarvie D M, Hill R J, Ruble T E, et al. Unconventional shale-gas systems：The Mississippian Barnett Shale of north-central Texas as one model for thermogenic shale-gas assessment. AAPG bulletin, 2007, 91(4)：475－499.

[ 54 ] Hill R J, Jarvie D M, Zumberge J, et al. Oil and gas geochemistry and petroleum systems of the Fort Worth Basin. AAPG bulletin, 2007, 91(4)：445－473.

[ 55 ] Martineau D F. History of the Newark East field and the Barnett Shale as a gas

reservoir. AAPG bulletin, 2007, 91(4): 399 – 403.

[ 56 ] Ross D J K, Bustin R M. Shale gas potential of the lower jurassic gordondale member, northeastern British Columbia, Canada. Bulletin of Canadian Petroleum Geology, 2007, 55(1): 51 – 75.

[ 57 ] Jarvie D M, Hill R J, Ruble T E, et al. Unconventional shale-gas systems: The Mississippian Barnett Shale of north-central Texas as one model for thermogenic shale-gas assessment. AAPG bulletin, 2007, 91(4): 475 – 499.

[ 58 ] Martini A M, Walter L M, McIntosh J C. Identification of microbial and thermogenic gas components from Upper Devonian black shale cores, Illinois and Michigan basins. AAPG bulletin, 2008, 92(3): 327 – 339.

[ 59 ] Hill D G, Nelson C R. Reservoir properties of the Upper Cretaceous Lewis Shale, a new natural gas play in the San Juan Basin. AAPG Bulletin, 2000, 84(8): 1240.

[ 60 ] Montgomery S L, Jarvie D M, Bowker K A, et al. Mississippian Barnett Shale, Fort Worth basin, north-central Texas: Gas-shale play with multi-trillion cubic foot potential. AAPG bulletin, 2005, 89(2): 155 – 175.

[ 61 ] 武景淑,于炳松,张金川,等. 渝东南渝页 1 井下志留统龙马溪组页岩孔隙特征及其主控因素. 地学前缘,2013,20(4): 240 – 250.

[ 62 ] Caruso G. The shale gas revolution: opportunities and challenges, CABC/CEA Meeting. Washington DC, June, 2011.

[ 63 ] Walter L M, Budai J M, Abriola L M, et al. Hydrogeochemistry of the Antrim Shale, northern Michigan basin: Annual Report. Gas Research Institute, 1996, GRI – 95/0251, 173.

[ 64 ] Smith M G, Bustin R M. Late Devonian and Early Mississippian Bakken and Exshaw black shale source rocks, Western Canada Sedimentary Basin: a sequence stratigraphic interpretation. AAPG bulletin, 2000, 84(7): 940 – 960.

[ 65 ] Chalmers G R L, Bustin R M. Lower Cretaceous gas shales in northeastern British Columbia, Part I: geological controls on methane sorption capacity. Bulletin of

Canadian petroleum geology, 2008, 56(1): 1 - 21.

[66] Chalmers G R L, Bustin R M. Lower Cretaceous gas shales in northeastern British Columbia, Part II: evaluation of regional potential gas resources. Bulletin of Canadian Petroleum Geology, 2008, 56(1): 22 - 61.

[67] 李玉喜; 张金川. 我国非常规油气资源类型和潜力. 国际石油经济, 2011, 3: 61 - 67.

[68] 黄玉珍, 黄金亮, 葛春梅, 等. 技术进步是推动美国页岩气快速发展的关键. 天然气工业, 2009, 29(5): 7 - 10.

[69] 李新景, 吕宗刚, 董大忠, 等. 北美页岩气资源形成的地质条件. 天然气工业, 2009, 29(5): 27 - 32.

[70] Gruenspecht H. U. S. oil and natural gas production outlook: the gulf of Mexico and other Areas. 4th Annual Argus Americas Crude Summit January, 2012, Houston, TX.

[71] PlaysReview of Emerging Resources: U. S. Shale Gas and Shale Oil PlaysReview EIA, July 2011.

[72] 张金川, 林腊梅, 李玉喜. 页岩油分类与评价. 地学前缘, 2012, 19(5): 322 - 331.

[73] 张金川, 林腊梅, 李玉喜. 页岩气资源评价方法与技术: 概率体积法. 地学前缘, 2012, 19(2): 184 - 191.

[74] 蒲泊伶. 四川盆地页岩气成藏条件分析. 中国石油大学, 2008: 5 - 6.

[75] 李玉喜, 聂海宽, 龙鹏宇. 我国富含有机质泥页岩发育特点与页岩气战略选区. 天然气工业, 2009, 29(12): 115 - 120.

[76] 王兰生, 邹春艳, 郑平, 等. 四川盆地下古生界存在页岩气的地球化学依据. 天然气工业, 2009, 29(5): 59 - 62.

[77] 王清晨, 严德天, 李双建. 中国南方志留系底部优质烃源岩发育的构造-环境模式. 地质学报, 2008, 82(3): 289 - 297.

[78] Su W, Huff W D, Ettensohn F R, et al. K-bentonite, black-shale and flysch successions at the Ordovician-Silurian transition, South China: possible sedimentary responses to the accretion of Cathaysia to the Yangtze Block and its

implications for the evolution of Gondwana. Gondwana Research, 2009, 15(1): 111 - 130.

[79] 陈波,皮定成.中上扬子地区志留系龙马溪组页岩气资源潜力评价.中国石油勘探,2009b,3: 15 - 19.

[80] 腾格尔,高长林,胡凯,等.上扬子东南缘下组合优质烃源岩发育及生烃潜力.石油实验地质,2006,28(4): 359 - 365.

[81] 田海芹.中国南方寒武岩相古地理研究及编图.东营: 石油大学出版社,1998.

[82] 陈洪德,覃建雄,王成善,等.中国南方二叠纪层序岩相古地理特征及演化.沉积学报,1999,17(4): 510 - 521.

[83] 腾格尔,高长林,胡凯,等.上扬子北缘下组合优质烃源岩分布及生烃潜力评价.天然气地球科学,2007,18(2): 254 - 259.

[84] 陈兰.湘黔地区早寒武世黑色岩系沉积学及地球化学研究.中国科学院地球化学研所,2006.

[85] 陈文玲,周文,罗平,等.四川盆地长芯1井下志留统龙马溪组页岩气储层特征研究.岩石学报,2013,29(3): 1073 - 1086.

[86] 程克明,王世谦,董大忠,等.上扬子区下寒武统筇竹寺组页岩气成藏条件.天然气工业,2009,29(5): 40 - 44.

[87] Detian Y A N, Daizhao C, Qingchen W, et al. Environmental redox changes of the ancient sea in the Yangtze area during the ordo-silurian transition. Acta Geologica Sinica (English Edition), 2008, 82(3): 679 - 689.

[88] 戴金星."威远气田的气源以有机成因气为主"——与张虎权等同志再商榷.天然气工业,2006,26(2): 16 - 18.

[89] 王社教,王兰生,黄金亮,等.上扬子区志留系页岩气成藏条件.地质与勘探,2009,29(5): 45 - 50.

[90] 龙鹏宇,张金川,李玉喜,等.重庆及周缘地区下古生界页岩气资源潜力.天然气工业,2009,28(12): 125 - 129.

[91] 刘树根,马永生,孙玮,等.四川盆地威远气田和资阳含气区震旦系油气成藏差异性研究.地质学报,2008,82(3): 328 - 337.

［92］秦建中,付小东,腾格尔. 川东北宣汉—达县地区三叠-志留系海相优质烃源层评价. 石油实验地质,2008,30(4)：368－374.

［93］Chen D, Wang J, Qing H, et al. Hydrothermal venting activities in the Early Cambrian, South China：Petrological, geochronological and stable isotopic constraints. Chemical Geology, 2009, 258(3)：168－181.

［94］董大忠,程克明,王世谦,等. 页岩气资源评价方法及其在四川盆地的应用. 天然气工业,2009(05)：33－39.

［95］冯增昭,彭勇民,金振奎,等. 中国早寒武世岩相古地理. 古地理学报,2002,4(1)：1－14.

［96］梁狄刚,陈建平. 中国南方高、过成熟区海相烃源岩油源对比问题. 石油勘探开发,2005,32(2)：8－14.

［97］梁狄刚,郭彤楼,陈建平,等. 中国南方海相生烃成藏研究的若干新进展(一)：南方四套区域性海相烃源岩的地球化学特征. 海相油气地质,2008,13(2)：1－16.

［98］刘树根,曾祥亮,黄文明,等. 四川盆地页岩气藏和连续型-非连续型气藏基本特征. 成都理工大学学报(自然科学版),2009,36(6)：578－592.

［99］梁狄刚,郭彤楼,陈建平,等. 中国南方海相生烃成藏研究的若干新进展(二)：南方四套区域性海相烃源岩的沉积相及发育的控制因素. 海相油气地质,2009a,14(1)：1－15.

［100］梁狄刚,郭彤楼,陈建平,等. 中国南方海相生烃成藏研究的若干新进展(三)：南方四套区域性海相烃源岩的分布. 海相油气地质,2009b,14(2)：1－19.

［101］王世谦,陈更生,董大忠,等. 四川盆地下古生界页岩气藏形成条件与勘探前景. 天然气工业,2009,29(5)：51－58.

［102］丁文龙,张博闻,李泰明. 古龙凹陷泥岩非构造裂缝的形成. 石油与天然气地质,2003,24(1)：50－54.

［103］王广源,等. 辽河东部凹陷古近系页岩气聚集条件分析. 西安石油大学学报(自然科学版),2010,25(2)：1－5.

［104］林腊梅,张金川,唐玄. 中国陆相页岩气的形成条件. 地质勘探,2013,33(1).

35－41.

［105］李双建,肖开华,沃玉进,等.中上扬子地区上奥陶统-下志留统烃源岩发育的古环境恢复.岩石矿物学杂志,2009,28(5):450－458.

［106］李伟,冷济高,宋东勇.文留地区盐间泥岩裂缝油气藏成藏作用.油气地质与采收率,2006,13(3):31－34.

［107］张林晔,李政,朱日房.济阳坳陷古近系存在页岩气资源的可能性.天然气工业,2008,28(12):26－29.

［108］付金华,郭少斌,刘新社.鄂尔多斯盆地上古生界山西组页岩气成藏条件及勘探潜力.吉林大学学报(地球科学版),2013,32(4):139－151.

［109］郭少斌,王义刚.鄂尔多斯盆地石炭系本溪组页岩气成藏条件及勘探潜力.石油学报,2013,34(3):445－453.

［110］杨超,张金川,唐玄.鄂尔多斯盆地陆相页岩微观孔隙类型及对页岩气储渗的影响.地学前缘,2013,20(4):240－250.

［111］Jun T, Junqing C, Jiao J, et al. Comparison of the surface and underground natural gas occurrences in the Tazhong Uplift of the Tarim Basin. Acta Geologica Sinica (English Edition), 2010, 84(5):1097－1115.

［112］边瑞康,张金川.页岩气成藏动力特点及其平衡方程.地学前缘,2013,20(3):254－259.

［113］陈更生,董大忠,王世谦,等.页岩气藏形成机理与富集规律初探.天然气工业,2009,29(5):17－21.

［114］姜文利.煤层气与页岩气聚集主控因素对比.天然气地球科学,2010,6(21):1054－1060.

［115］蒋裕强,董大忠,王世谦,等.页岩气储层的基本特征及其评价.天然气工业,2010,30(10):7－12.

［116］李登华,李建忠,王社教,等.页岩气藏形成条件分析.天然气工业,2009,29(5):22－26.

［117］李玉喜,乔德武,姜文利,等.页岩气含气量及页岩气地质评价综述.地质通报,2011,30(2－3):308－317.

[118] 李延钧,张烈辉,冯媛媛,等.页岩有机碳含量测井评价方法及其应用.天然气地球科学,2013,24(1):169-176.

[119] 龙鹏宇,张金川,聂海宽,等.泥页岩裂缝发育特征及其对页岩气聚集与产出意义.天然气地球科学.2011,22(3):525-532.

[120] 聂海宽,唐玄,边瑞康.页岩气成藏控制因素及中国南方页岩气发育有利区预测.石油学报,2009,30(04):484-491.

[121] 潘仁芳,伍缓,宋争.页岩气勘探的地球化学指标及测井分析方法初探.中国石油勘探,2009,(3):6-9.

[122] 蒲泊伶,包书景,王毅,等.页岩气聚集条件分析——以美国页岩气盆地为例.石油地质与工程,2008,22(3):33-36.

[123] 孙超,朱筱敏,陈菁,等.页岩气与深盆气成藏的相似与相关性.油气地质与采收率,2007,14(1):26-31.

[124] 王红岩,刘玉章,董大忠,等.中国南方海相页岩气高效开发的科学问题.石油勘探与开发,2013,40(5):574-580.

[125] 肖开华,李双建,汪新伟,等.中、上扬子区志留系油气成藏特点与勘探前景.石油与天然气地质,2008,29(5):589-596.

[126] 徐士林,包书景.鄂尔多斯盆地三叠系延长组页岩气形成条件及有利发育区预测.天然气地球科学,2009,20(3):460-465.

[127] 徐世琦,洪海涛,师晓蓉.乐山-龙女寺古隆起与下古生界含油气性的关系探讨.天然气勘探与开发,2002,25(3):10-15.

[128] 闫存章,黄玉珍,葛泰梅.页岩气是潜力巨大的非常规天然气资源.天然气工业,2009,29(5):1-6.

[129] 严德天.扬子地区上奥陶-下志留统黑色岩系形成机理.中国科学院地质与地球物理研究所,2008,1-180.

[130] 杨斌,贺晓芳,徐云俊,等.中国南方下寒武统烃源岩评价与油气资源潜力.海相油气地质,1996,1(3):31-38.

[131] 于炳松,陈建强,陈晓林,等.塔里木盆地下寒武统底部高熟海相烃源岩中有机质的赋存状态.地球科学:中国地质大学学报,2004,29(2):198-202.

[132] 余谦,牟传龙,张海全,等. 上扬子北缘震旦纪-早古生代沉积演化与储层分布特征. 岩石学报,2011,27(3):672-680.

[133] 张光亚,陈全茂,刘来民. 南阳凹陷泥岩裂缝油气藏特征及其形成机制探讨. 石油勘探与开发,1993,20(1):18-26.

[134] 张杰,金之钧,张金川. 中国非常规油气资源潜力及分布. 当代石油化,2004,12(10):17-19.

[135] 张金川,聂海宽,徐波,等. 四川盆地页岩气成藏地质条件. 天然气工业,2008a,28(2):151-156.

[136] Schmoker J W. Resource-assessment perspectives for unconventional gas systems. AAPG bulletin, 2002, 86(11):1993-1999.

[137] Martín M, Grossmann I E. Optimal use of hybrid feedstock, switchgrass and shale gas for the simultaneous production of hydrogen and liquid fuels. Energy, 2013, 55:378-391.

[138] Hao F, Zou H, Lu Y. Mechanisms of shale gas storage: Implications for shale gas exploration in China. AAPG bulletin, 2013, 97(8):1325-1346.

[139] Qanbari F, Clarkson C R. A new method for production data analysis of tight and shale gas reservoirs during transient linear flow period. Journal of Natural Gas Science and Engineering, 2013, 14:55-65.

[140] Rippen D, Littke R, Bruns B, et al. Organic geochemistry and petrography of Lower Cretaceous Wealden black shales of the Lower Saxony Basin: The transition from lacustrine oil shales to gas shales. Organic Geochemistry, 2013, 63:18-36.

[141] Dubinin M M. Fundamentals of the theory of adsorption in micropores of carbon adsorbents: characteristics of their adsorption properties and microporous structures. Pure Appl. Chem. , 1989, 61:1841-1843.

[142] Qanbari F, Clarkson C R. A new method for production data analysis of tight and shale gas reservoirs during transient linear flow period. Journal of Natural Gas Science and Engineering, 2013, 14:55-65.

［143］Knudsen B R, Foss B. Shut-in based production optimization of shale-gas systems. Computers & Chemical Engineering, 2013, 58: 54 - 67.

［144］张金川,汪宗余,聂海宽,等. 页岩气及其勘探研究意义. 现代地质,2008,22(4). 640 - 646.

［145］张金川,徐波,聂海宽,等. 中国页岩气资源量勘探潜力. 天然气工业,2008,28 (6): 136 - 140.

［146］张金川,薛会,卞昌蓉,等. 中国非常规天然气勘探雏议. 天然气工业,2006,26 (12): 53 - 56.

［147］张抗,谭云冬. 世界页岩气资源潜力和开采现状及中国页岩气发展前景. 当代石油石化,2009,17(3): 9 - 12.

［148］张水昌,梁狄刚. 关于古生界烃源岩有机质丰度的评价标准. 石油勘探与开发, 2002,29(2): 8 - 12.

［149］Schmoker J W. Use of formation-density logs to determine organic-carbon content in Devonian shales of the western Appalachian Basin and an additional example based on the Bakken Formation of the Williston Basin. Petroleum geology of the Devonian and Mississippian black shale of eastern North America: US Geological Survey Bulletin, 1909: 1 - 14.

［150］Schmoker J W. Determination of organic-matter content of Appalachian Devonian shales from gamma-ray logs. AAPG Bulletin, 1981, 65(7): 1285 - 1298.

［151］Loucks R G, Ruppel S C. Mississippian Barnett Shale: Lithofacies and depositional setting of a deep-water shale-gas succession in the Fort Worth Basin, Texas. AAPG bulletin, 2007, 91(4): 579 - 601.

［152］Pollastro R M. Total petroleum system assessment of undiscovered resources in the giant Barnett Shale continuous (unconventional) gas accumulation, Fort Worth Basin, Texas. AAPG bulletin, 2007, 91(4): 551 - 578.

［153］Pollastro R M, Jarvie D M, Hill R J, et al. Geologic framework of the Mississippian Barnett Shale, Barnett-Paleozoic total petroleum system, Bend arch Fort Worth Basin, Texas. AAPG bulletin, 2007, 91(4): 405 - 436.

[154] Martini A M, Walter L M, Budai J M, et al. Genetic and temporal relations between formation waters and biogenic methane: Upper Devonian Antrim Shale, Michigan Basin, USA. Geochimica et Cosmochimica Acta, 1998, 62 (10): 1699 − 1720.

[155] Manger K C, Curtis J B. Geologic influences on location and production of Antrim Shale gas. Devonian Gas Shales Technology Review (GRI), 1991, 7(2): 5 − 16.

[156] Ling H F, Feng H Z, Pan J Y, et al. Carbon isotope variation through the Neoproterozoic Doushantuo and Dengying Formations, South China: Implications for chemostratigraphy and paleoenvironmental change. Palaeogeography, Palaeoclimatology, Palaeoecology, 2007, 254(1): 158 − 174.

[157] Gracceva F, Zeniewski P. Exploring the uncertainty around potential shale gas development-A global energy system analysis based on TIAM (TIMES Integrated Assessment Model). Energy, 2013, 57: 443 − 457.

[158] Ross D J K, Bustin R M. The importance of shale composition and pore structure upon gas storage potential of shale gas reservoirs. Marine and Petroleum Geology, 2009, 26(6): 916 − 927.

[159] Valenza J J, Drenzek N, Marques F, et al. Geochemical controls on shale microstructure. Geology, 2013, 41(5): 611 − 614.

[160] Freeman C M, Moridis G, Ilk D, et al. A numerical study of performance for tight gas and shale gas reservoir systems. Journal of Petroleum Science and Engineering, 2013, 108: 22 − 39.

[161] Ettensohn F R. Modeling the nature and development of major Paleozoic clastic wedges in the Appalachian Basin, USA. Journal of Geodynamics, 2004, 37(3): 657 − 681.

[162] Anderson R F, Fleisher M Q, LeHuray A P. Concentration, oxidation state, and particulate flux of uranium in the Black Sea. Geochimica et Cosmochimica Acta, 1989, 53(9): 2215 − 2224.

［163］Arthur M A, Sageman B B. Marine shales：depositional mechanisms and environments of ancient deposits. Annual Review of Earth and Planetary Sciences, 1994, 22：499－551.

［164］张俊鹏,樊太亮,张金川,等.露头层序地层学在上扬子地区页岩气初期勘探中的应用：以下寒武统牛蹄塘组为例.现代地质,2013,27(4)：978－986.

［165］曾维特,丁文龙,张金川.中国西北地区页岩气形成地质条件分析.地质科技情报,2013,32(4)：139－151.

［166］曾凡辉,郭建春,刘恒,等.北美页岩气高效压裂经验及对中国的启示.西南石油大学学报,2013,35(6)：90－98.

［167］赵群,王红岩,刘人和,等.世界页岩气发展现状及我国勘探前景.天然气技术,2008,2(3)：11－14.

［168］Hill R J, Zhang E, Katz B J, et al. Modeling of gas generation from the Barnett shale, Fort Worth Basin, Texas. Aapg Bulletin, 2007, 91(4)：501－521.

［169］邹才能,杨智,崔景伟.页岩油形成机制、地质特征及发展对策.石油勘探与开发,2013,40(1).14－27.

［170］周文,苏瑗,王付斌,等.鄂尔多斯盆地富县区块中生界页岩气成藏条件与勘探方向.天然气工业,2011,31(2)：1－5.

［171］周文,周秋媚,陈文玲,等.中上扬子地区页岩气成藏地质条件及勘探目标.第二届中国能源科学家论坛论文集,2010,10：1817－1822.

［172］李玉喜,张金川,姜生玲,韩双彪.页岩气地质综合评价和目标优选.地学前缘,2012,19(5)：332－338.

［173］Kim J, Moridis G J. Development of the T + M coupled flow-geomechanical simulator to describe fracture propagation and coupled flow-thermal-geomechanical processes in tight/shale gas systems. Computers & Geosciences, 2013, 60：184－198.

［174］Bowker K A. Barnett Shale gas production, Fort Worth Basin：issues and discussion. AAPG bulletin, 2007, 91(4)：523－533.

［175］Aucott M L, Melillo J M. A preliminary energy return on investment analysis of natural gas from the Marcellus shale. Journal of Industrial Ecology, 2013, 17(5): 668 - 679.

[176] Wilson K C, Durlofsky L J. Optimization of shale gas field development using direct search techniques and reduced-physics models. Journal of Petroleum Science and Engineering, 2013, 108: 304 - 315.

[177] McGlade C, Speirs J, Sorrell S. Methods of estimating shale gas resources-Comparison, evaluation and implications. Energy, 2013, 59: 116 - 125.

[178] Bustin R M. Gas shale tapped for big pay. AAPG explorer, 2005, 26(2): 5 - 7.

[179] Duman R J. Economic viability of shale gas production in the Marcellus shale; indicated by production rates, costs and current natural gas prices. Michigan Technological University, 2012.

[180] Yeager J M. BHP Billiton Petroleum Onshore US shale briefing. Bhpbilliton petroleum, 2011, 4.

[181] 张大伟. 加快中国页岩气勘探开发和利用的主要路径. 天然气工业, 2011, 31 (5): 1 - 5.

[182] 张大伟. 加速我国页岩气资源调查和勘探开发战略构想. 石油与天然气地质, 2010, 31(2): 135 - 150.

[183] 张大伟. 加强中国页岩气资源管理的思路框架. 天然气工业, 2011, 31(12): 115 - 118.

[184] 郭宏, 李凌, 杨震, 等. 有效开发中国页岩气. 天然气工业, 2010, 30(12): 110 - 113.

[185] 胡文瑞, 翟光明, 李景明. 中国非常规油气的潜力和发展. 中国工程科学, 2010, 12(5): 25 - 31.

[186] 李建忠, 董大忠, 陈更生, 等. 中国页岩气资源前景与战略地位. 天然气工业, 2009, 29(5): 11 - 16.